圖解雲端技術的原理與商業應用

西村泰洋【著】

衛宮紘【譯】

図解まるわかり クラウドのしくみ

(Zukai Maruwakari Cloud no Shikumi: 6328-4)

© 2020 Yasuhiro Nishimura

Original Japanese edition published by SHOEISHA Co.,Ltd.

Traditional Chinese Character translation rights arranged with SHOEISHA Co.,Ltd. through JAPAN UNI AGENCY, INC.

Traditional Chinese Character translation copyright © 2021 by GOTOP INFORMATION INC.

現今，雲端已經成為資訊通信中不可欠缺的基礎技術。

另一方面，透過網路使用提供的服務、不會真的看見伺服器與網路設備等，就像是捕捉雲朵般的存在。

本書是寫給想要學習雲端知識的你：

- 想要學習雲端相關基礎知識的人
- 想要瞭解雲端相關技術的人
- 想要瞭解企業組織的系統與雲端業者的系統有何不同的人
- 想要確認雲端的基礎用語、技術、服務動向等的人
- 想要推進導入雲端技術的人

除了從實體意象瞭解雲端運算外，本書還會說明諸如：雲端業者的系統與企業組織的系統有何不同、隨著技術、服務不斷進化，朝向標準化與公開化發展的現況、雲端是現在及未來的資訊通信技術…等。

透過本書理解雲端服務與技術概要後，建議您可以瀏覽雲端服務的廠商在網站上所提供的說明，以及參考其他使用者的經驗，在實際導入之前做好準備。

根據企業組織的目的，雲端服務可分為公有雲與私有雲等型態。期望本書能讓更多人對雲端世界產生興趣，也希望你可以將從本書所學的知識運用到實務工作中。

目錄

第 1 章　雲端的基礎 ～特徵、種類、系統配置～　11

第 2 章 迎接從雲端思考系統的時代
～雲端是系統的基礎～
45

第 **5** 章 運行雲端的技術
～雲端是這樣運行的～

147

第 **8** 章 朝向雲端的導入
～需要事前準備的事情～
205

雲端的基礎

~特徵、種類、系統配置~

》 何謂雲端？

雲端的定義

　　雲端是雲端運算的簡稱，指**透過網路利用**資訊系統與伺服器、網路等 **IT 資產的型態**。如圖 1-1 所示，雲端服務的組成包含提供雲端服務的業者、利用該服務的企業組織或者個人。

　　雲端為雲（**cloud**）的意思，這也是使用雲朵符號簡單表達網際網路的由來。

因雲端改變的企業 IT 與個人生活

　　在企業組織中，資訊系統原本用就地部署（On-premises）的方式，將伺服器、網路設備設置於總公司或者資訊系統中心等能夠自行管理的場所（圖 1-1）。除了需要相應的設置空間外，還得管理系統正常運行與發揮功能，以及維護 IT 資產，數量愈多管理起來就愈辛苦。

　　若使用雲端服務，則只需要支付企業組織、個人用戶的使用費，就可在網際網路上使用這些 IT 資產。當硬體設置場所、管理主體改變後，就能夠將心力專注於使用方法上，管理也會變得相當容易。

　　如圖 1-2 所示，雲端服務也改變了日常生活，我們可透過隨選視訊（Video On Demand）觀賞以前需將 DVD 置入電腦播放的影片；或經由智慧手機確認行車記錄器的影像。

　　雲端運算大幅度改變了企業組織的 IT 資產、運用型態，對個人生活也帶來深遠的影響。雲端運算也符合共享各種事物的時代潮流。

圖 1-1 雲端服務的組成

雲端

就地部署

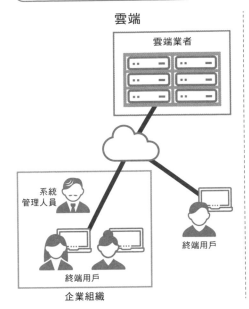

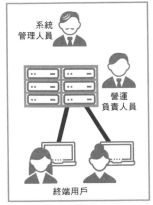

● 雖然圖中未標示出來，但建構系統時也存在
　設計、開發人員

● 就地部署的管理人員遠多於雲端

圖 1-2 雲端服務帶來的新系統

觀賞影片的範例

觀看行車記錄器
影像的範例

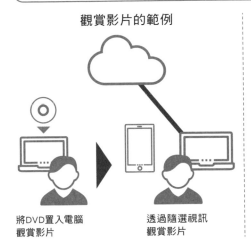

將DVD置入電腦
觀賞影片

透過隨選視訊
觀賞影片

透過智慧手機、電腦觀看
行車記錄器中的影片

Point

✎ 雲端是透過網際網路使用資訊系統、IT 資產的型態。

✎ 雲端也深深影響企業組織的 IT 資產運用型態、個人生活。

» 雲端服務的特色

雲端服務的相關特色

雲端是由雲端服務業者所提供，使用上具有不同於傳統自架伺服器的特色（圖 1-3）：

- **計量收費（Pay-as-you-go）**
  按照系統的使用時間、用量來收費。
- **容易擴增、縮減用量**
  可依據實際需求擴增或縮減用量等。若是自己持有系統，就會需要添購伺服器、軟體，還得花費時間與心力進行設定。

IT 設備、系統環境的相關特色

在 IT 設備、系統方面具有下述特色（圖 1-4）：

❶由業者持有 IT 設備、相關設備
  伺服器、網路設備等是利用業者持有的設備。而應用程式方面，有些是直接使用業者提供的程式，也有些是將用戶自有的應用程式安裝至業者的 IT 設備。

❷由業者負責機具、設備等的運行
  由於是業者持有的資產，所以運行、維護也是由業者負責。為了想要減少管理負擔，所以有愈來愈多企業開始利用雲端服務。

❸資安防護齊全、對應各種通訊方式
  雲端已經實裝基本的資安防護、支援行動裝置的連線環境。想由行動裝置連線自家系統時，得追加專用的系統、伺服器，但雲端不需要這類處理。

1-3　使用雲端服務的特色

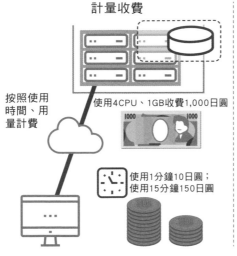

計量收費

按照使用
時間、用
量計費

使用4CPU、1GB收費1,000日圓

使用1分鐘10日圓；
使用15分鐘150日圓

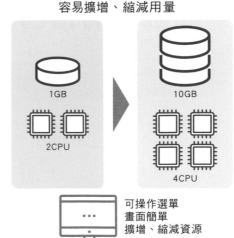

容易擴增、縮減用量

1GB → 10GB

2CPU

4CPU

可操作選單
畫面簡單
擴增、縮減資源

圖1-4　雲端業者的設備與其他特色

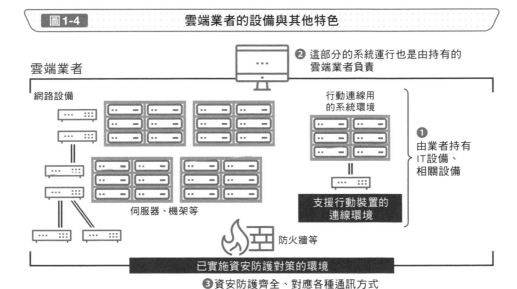

❷ 這部分的系統運行也是由持有的
雲端業者負責

雲端業者

網路設備

行動連線用
的系統環境

❶
由業者持有
IT設備、
相關設備

伺服器、機架等

支援行動裝置的
連線環境

防火牆等

已實施資安防護對策的環境

❸資安防護齊全、對應各種通訊方式

Point

✎雲端服務具有計量收費與容易調整用量等特色。

✎由業者管理 IT 設備，用戶不需要操心運行、維護等事宜。

» 考慮導入雲端的契機

兩個契機

企業組織考慮導入雲端的契機，有大舉引進新系統與系統更新兩種情況（圖 1-5）：

- **新系統檢討**

  在展開新商機、服務、業務等而考慮專用的系統時，會將雲端列為候補選項。在尚未拍板決定之前，可同時考慮其他候補選項。

- **系統更新**

  這是當舊有系統的硬體老化、需要追加或者變更應用程式的情況。過往系統更新通常會優先考慮現有的環境，但雲端應用普及化後，這種情況已經發生改變。

與雲端並列的候補選項

在新系統檢討、系統更新上，雖然雲端運算的地位愈發舉足輕重，但還是有其他的選擇（圖 1-6）：

- **就地部署（On-premises）**

  在自家公司內設置、運行 IT 設備與其他 IT 資產，是過往常見的資料系統持有、運行型態。

- **利用資料中心**

  自家公司持有 IT 資產，但設置場所在資料中心業者的建築物內，由資料中心業者或者自家公司運行。

基本的差異在於，由誰持有 IT 資產？設置的場所在哪裡？

圖1-5 　　　新系統檢討與系統更新

新系統檢討

新系統

行車記錄器的資料分析與閱覽等，新系統存在各式各樣的選擇

系統企劃會議

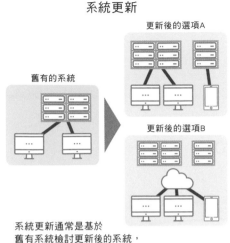

系統更新

更新後的選項A

舊有的系統

更新後的選項B

系統更新通常是基於舊有系統檢討更新後的系統，但現在多了雲端這個選項

圖1-6 　　　雲端、就地部署、利用資料中心的差異

雲端

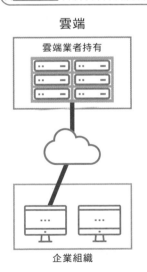

雲端業者持有

企業組織

就地部署

在公司內部安裝與運行 IT 設備

公司持有

企業組織

利用資料中心

資料中心業者

公司持有

● 在資料中心業者的建築物內，設置自家公司持有的 IT 設備
● 網際網路是透過 VPN、專用線路等

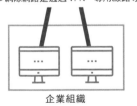

企業組織

Point

🖉 考慮使用雲端的契機有新系統檢討與系統更新。

🖉 除了雲端之外，還有就地部署、利用資料中心的選項。

≫ 資料中心與雲端

雲端服務的演變

資料中心是雲端運算普及之前所提供的服務。在 **1-12** 也有相關解說，當今的雲端服務是由下述三種類型的業者演變而來（圖 1-7）：

❶活用 IT 資產運用及自家公司系統大規模迅速擴張的經驗提供服務

　　→亞馬遜、微軟、谷歌等三大雲端服務業者

❷在資料中心商務、設備的基礎上增加雲端服務

　　→多為舊有的 IT 供應商等

❸業務應用程式改用雲端提供給多數用戶

　　→販售各種業務應用程式的企業等

以下將根據上述 3 種業者的演變，整理資料中心與雲端的關係。

資料中心與雲端的關係

上一節是以 IT 資產的持有進行粗略的分類，但還可再進一步細分為**主機租借**（**Hosting**）、**主機代管**（**Housing**）、**主機共置**（**Co-location**）等三個階層。

理解圖 1-8 的思維後，就能以網際網路服務提供者（ISP）說明，在什麼樣的情況下提供常見的主機租借、主機代管等服務。

雲端是將基礎設備、IT 設備與相關運用，全部交由業者端持有運行。

應用程式方面，有些是由業者端持有，有些是由用戶端持有。

圖 1-7　三種業者的演變

❶ 大規模的 IT 資產與運用經驗
（其他公司沒有的龐大經驗，
亞馬遜、谷歌等）

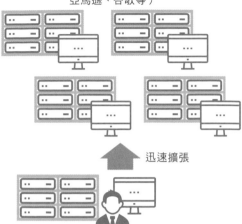

迅速擴張

❶ 自家公司系統大規模迅速擴張的經驗
（原本就屬於大規模，卻又迅速擴張的管理經驗）

❷ 在過去的資料中心增加雲端服務

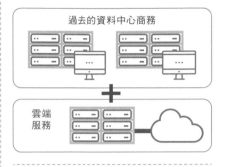

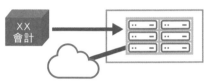

❸ 過往的業務應用程式改用
雲端服務提供

圖 1-8　主機租借、主機代管、主機共置的差異

	資料中心的建築物	資料中心的設備（電源、空調、機架、資安設備等）	ICT運行（系統監視、媒體交換等）	ICT資源、設備（伺服器、網路裝置等）
主機租借	業者持有	業者持有	業者負責	業者持有
主機代管	業者持有	業者持有	業者負責	用戶持有
主機共置	業者持有	業者持有	用戶負責	用戶持有

雲端服務與主機租借服務一樣，皆是將建築物、設備、運行、設備全部交由業者持有運行。

Point

✎ 理解三種業者的演變後，再來看雲端服務就變得簡單許多。

✎ 主機租借、主機代管、主機共置的差異也要確實掌握。

≫ 雲端服務的兩個潮流

雲端≒公有雲

一般來說，雲端服務通常是指公有雲（**Public Cloud**）。

這是由於雲端服務中具有代表性的亞馬遜 AWS（Amazon Web Services）、微軟 Azure（Microsoft Azure）、谷歌 GCP（Google Cloud Platform）等，是對不特定多數的企業組織、個人提供公有雲服務。

公有雲具有成本優勢與能夠及早導入新技術等特色，用戶利用的伺服器可指派到整個系統配置中最佳位置的 CPU、記憶體、磁碟，但**看不見簽約的伺服器位置**（圖 1-9）。

私有雲的特徵

與此相對，私有雲（**Private Cloud**）是自家公司建立雲端服務，或者在資料中心等建構自家公司的雲端空間。透過這種方式，**能夠掌握連線的伺服器位置**（圖 1-10）。

實際上，愈來愈多企業依照用途區別使用資料中心、公有雲、私有雲。

雖然內容變得有些複雜，但私有雲往後肯定會繼續增加，先把它搞清楚吧！

私有雲的需求增加，是由於可評估系統使用的方式與規模、系統重要性的提升、想要執行特別的資安對策以及其他各種情況，通常是從過往使用的公有雲系統移轉至私有雲。簡單來說，就是將重要的資產放在自己身邊管理。

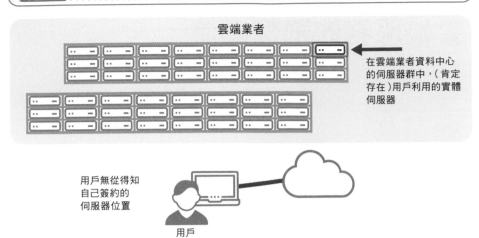

圖 1-9 公有雲看不見簽約的伺服器位置

雲端業者

在雲端業者資料中心的伺服器群中，（肯定存在）用戶利用的實體伺服器

用戶無從得知自己簽約的伺服器位置

用戶

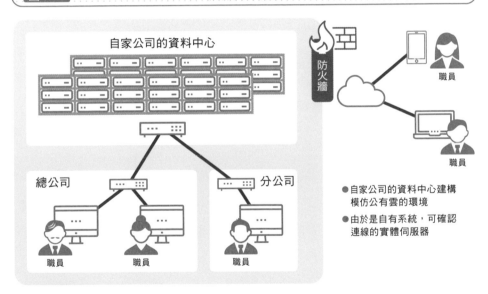

圖 1-10 私有雲的特色

自家公司的資料中心

防火牆

職員

總公司　　　　　　　　　分公司

職員

職員　　　　　職員　　　　　　職員

- 自家公司的資料中心建構模仿公有雲的環境
- 由於是自有系統，可確認連線的實體伺服器

Point

✏ 一般來説，雲端服務通常是指公有雲。

✏ 自家公司持有專用雲端空間的私有雲也逐漸增加。

≫ 基本的系統配置

用戶端的系統配置

在雲端服務中，由於是由業者端持有伺服器、網路設備等，所以用戶端的系統配置相當簡易（圖 1-11）。基本的配置關係與**主從式系統（Client-server System）**一樣，Server 位於業者端；Client 位於用戶端。當然，大規模的系統也有雲端伺服器與自家公司伺服器連線的配置。

由於是透過網際網路存取，利用時可不需注意公司數目、距離遠近、國內外等差異。

因此，這是適合用戶在各種位置、場所都可使用的系統。另外，從檢討系統的角度來說，容易擴充、資安防護齊全等也是重要的考量。

連結伺服器的網路是由雲端業者、電信服務（Carrier）、ISP 等各種業者提供，必須選用能夠提供備援線路的雲端服務，或者具有連線品質穩定的業者。在大規模系統中，也有**以專用線路連結雲端業者的伺服器與自家公司的伺服器**。

整合行動連線的環境

即便是一般企業組織的系統，平板電腦、智慧手機等行動裝置的連線需求也逐漸增加。如 **1-2** 所述，雲端服務已經整合了**行動連線的支援**。當然，這需要簽訂契約才能夠使用。

除了行動環境外，資安系統、網路環境也已建構完成，**即使是臨時有什麼需求也都可以在短時間內立即執行**（圖 1-12）。由於工作方式改變之類的趨勢，對於遠端存取的需求更加提升，就這個角度來看，雲端服務也變得越來越重要。

圖 1-11 .... 雲端連線與系統配置

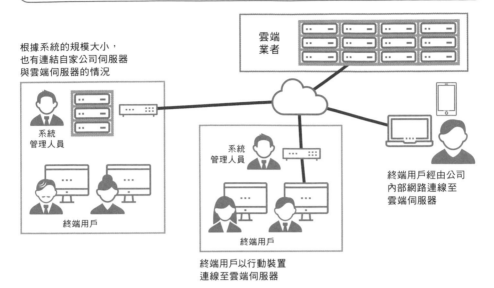

根據系統的規模大小，
也有連結自家公司伺服器
與雲端伺服器的情況

系統
管理人員

終端用戶

雲端
業者

系統
管理人員

終端用戶

終端用戶以行動裝置
連線至雲端伺服器

終端用戶經由公司
內部網路連線至
雲端伺服器

圖 1-12 .... 整合了行動連線支援與資安防護

雲端業者

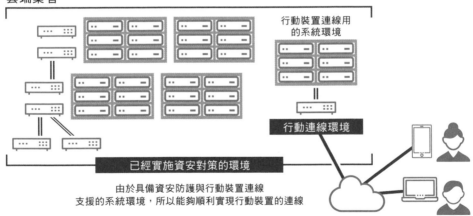

行動裝置連線用
的系統環境

行動連線環境

已經實施資安對策的環境

由於具備資安防護與行動裝置連線
支援的系統環境，所以能夠順利實現行動裝置的連線

Point

　使用雲端服務功能很簡單，用戶端主要是由客戶所構成。

　採用已有行動連線、資安服務等經驗的業者。

» 雲端伺服器是虛擬伺服器

虛擬化的機制

　　雲端服務主要是以伺服器相關服務為中心，進一步提供儲存、網路等服務。其中，作為主角的伺服器是**虛擬伺服器**（Virtual Machine：VM）。若以實體伺服器為例來說明，虛擬伺服器就是讓單一伺服器虛擬地、邏輯地擁有數台伺服器的功能（圖 1-13）。

　　我們能夠透過專用軟體建構虛擬伺服器。

虛擬伺服器的共享

　　以實體伺服器為基礎提供如雲端的服務，伺服器台數會與用戶數成正相關，難以提升商務效率。但如果是使用虛擬伺服器，一台機器就可以因應用戶數而增減伺服器，所以想要有效率地提供服務，虛擬化是不可欠缺的機制與技術。

　　當然，現在也有企業組織尚未導入虛擬伺服器，但虛擬伺服器是雲端服務的基礎，最後也僅能「入境隨俗」地接納使用。

　　另外，企業組織基本上是以「**虛擬共享**」利用虛擬伺服器，但也有業者提供獨自占用虛擬伺服器的「**虛擬獨占**」、占用實體伺服器的「**實體獨占**」等服務（圖 1-14）。

　　在利用雲端服務時，若堅持「這是敝公司想要占用的伺服器」，建議選擇虛擬獨占或者實體獨占的形式。

圖 1-13 虛擬伺服器概述

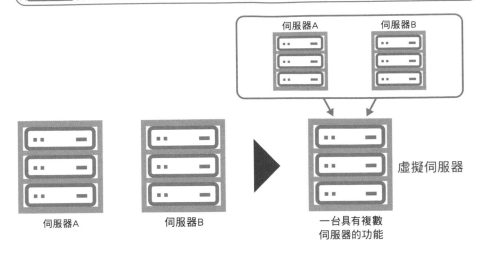

伺服器A

伺服器B

虛擬伺服器

一台具有複數
伺服器的功能

圖 1-14 虛擬共享、虛擬獨占與實體獨占的差異

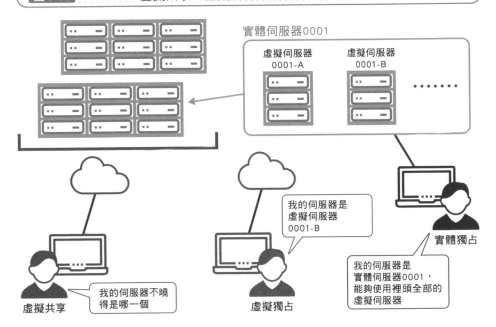

實體伺服器0001

虛擬伺服器
0001-A

虛擬伺服器
0001-B

我的伺服器是
虛擬伺服器
0001-B

實體獨占

我的伺服器是
實體伺服器0001，
能夠使用裡頭全部的
虛擬伺服器

我的伺服器不曉
得是哪一個

虛擬共享

虛擬獨占

Point

∥雲端服務所提供的伺服器基本上是虛擬伺服器。

∥其中，虛擬共享占絕大多數，但也有虛擬獨享、實體獨享等服務。

» 高密度的機架式雲端伺服器

各種伺服器的型態

根據型態的不同，伺服器主要分成三種類型（圖 1-15）：

- 塔式

  跟桌上型電腦一樣的直立方體形狀，外型如同放大版的電腦主機，是常在辦公室等看見的類型。

- 機架式

  在專用機架分別設置一台伺服器的類型，具有優異的擴張性、耐外力破壞性，可於機架內增加伺服器的數量；受到專用機架的保護，也具有不受外力破壞的特性。

- 高密度性

  由機架式衍生出來的類型，主要適用於具備大量伺服器的資料中心，電源裝置、冷卻風扇等共同元件建於機架外側，進一步縮小體積、減輕重量、節省電力。

如同上述，資料中心所設置的伺服器以機架式、高密度的類型為主流，作業系統可以使用 Windows Server、Linux、UNIX 等常見的作業系統。

其他伺服器

除此之外，專為大型電腦設計的**大型主機（Mainframe）**、**超級電腦**等也是伺服器的一種（圖 1-16）。近年來，量子電腦等也逐漸受到討論。

雖然也存在活用這類大型電腦、伺服器，提供特別運算處理的服務，但這僅是針對極少部分研究機構、企業等的個別限定服務。

圖1-15 雲端伺服器的多樣型態

塔式

機架式
資料中心的伺服器
通常設置於專用機架

機架式

高密度
由機架除去共同元件
進一步縮小體積

圖1-16 參考：大型主機與超級電腦

大型主機

超級電腦

大型主機是將CPU、記憶體、
磁碟分裝到不同的機箱

●超級電腦堪稱最頂尖的電腦
●追求最大性能，體積比大型主機還要龐大

Point

✎雲端服務所使用的伺服器，以機架式、高密度伺服器為主流。
✎也有個別限定提供超級電腦等的特殊服務。

27

>> 雲端儲存器

按照伺服器的形狀分類

上一節已說明雲端伺服器是機架式、高密度等的伺服器。

辦公室常見的塔式伺服器，真的就是將 CPU、記憶體、磁碟組進塔狀機箱（機櫃）。機架式伺服器相當於橫向發展的塔狀機架，但內部配置是相同的。

而高密度伺服器是單一機箱設置複數台小型伺服器節點。磁碟置於伺服器節點外部，伺服器節點主要是由 CPU 與記憶體所構成。換言之，與塔式、機架式伺服器不同，**磁碟是存放在其他的機箱**（圖 1-17）。

若要再進一步說明的話，伺服器磁碟大多是由 RAID（Redundant Array of Independent Disks）、SAS（Serial Attached SCSI）、iSCSI 組合構成。

適用多數系統、大量資料的儲存器

伺服器與儲存器直接連線的狀態，稱為 **DAS**（Direct Attached Storage），可用於系統、資料量少的情況，辦公室設置的檔案伺服器完全沒有問題，但資料中心就不太會這麼使用。過往資料中心通常採用 **SAN**（Storage Area Network），後來換成 **NAS**（Network Attached Storage），但近年由於大容量、備份的需求提升，**物件儲存器（Object Storage）開始急遽增加**（圖 1-18）。

自從雲端型物件儲存器的 Amazon S3（Amazon Simple Storage Service）問世後，儲存系統的常識也跟著改變了。

圖 1-17　塔式、機架式與高密度配置的差異

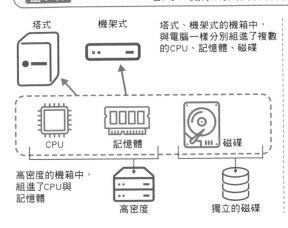

塔式　　機架式

塔式、機架式的機箱中，與電腦一樣分別組進了複數的CPU、記憶體、磁碟

CPU　　記憶體　　磁碟

高密度的機箱中，組進了CPU與記憶體

高密度　　獨立的磁碟

參考：伺服器的磁碟

SAS：
具有2個通訊埠，CPU與2個通道提高了性能、信賴性。順便一提，SATA僅有1個通訊埠

RAID：
將許多的實體磁碟結合成一個虛擬磁碟，在適當的位置寫入資料

圖 1-18　DAS、SAN、NAS、物件儲存器的差異

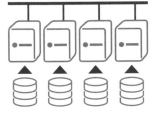

DAS的配置示意圖

在各伺服器中組進磁碟

優點
配置單純、容易活用

缺點
● 難以有效率地拓展整體容量
● 伺服器與磁碟的關係缺乏彈性

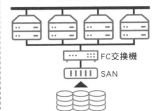

SAN的配置示意圖

FC交換機

SAN

組進了適用所有伺服器的磁碟

優點
● 能夠有效率地利用磁碟
● 容易擴增磁碟

缺點
FC等成本費用偏高

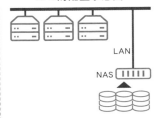

NAS的配置示意圖

LAN

NAS

NAS組進了適用所有伺服器的磁碟

優點
● 能夠有效率地利用磁碟
● 容易擴增磁碟

缺點
存取磁碟的速度不快

物件儲存器的配置示意圖
若將DAS、SAN、NAS視為過往儲存系統的常識（可某種程度預估伺服器的磁碟容量），則物件儲存器是顛覆過往常識的新型態儲存器（伺服器的磁碟容量大而無法預估，例如不斷增加的影片檔案等）

HTTP等

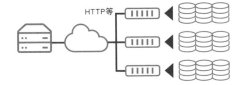

Point

✎ 高密度伺服器的磁碟是設置於其他機箱中。

✎ 過去的主流是 SAN、NAS，但物件儲存器也逐漸增加。

≫ 機架中的系統配置

機架內搭載的設備範例

上一節闡述了資料中心的伺服器種類，以及主流的機架式、高密度伺服器。

然而，當走進資料中心的內部，想要一覽理應設置好的伺服器，卻什麼也看不到。這是因為它們搭載於專用的**伺服器機架**內部，裝設於機架的門扉內側。

圖 1-19 是一具資料中心的典型機架與其中的實體配置，機架的門扉後面設置了下述的設備：

- **交換器（Switch）**

   存在負責通訊機架內外伺服器的階層交換器（Layer Switch），與負責通訊機架內伺服器和儲存器的專用交換器。

- **機架式伺服器**

   圖 1-19 是單一機架中搭載了數十台的伺服器。

- **儲存裝置**

   以 SAN 儲存器為例，透過網路將伺服器與儲存器從 1 對 1 關係整合為 n 對 1 的技術，圖 1-19 設置了可擴張大量伺服器的儲存器。

其他的伺服器

圖 1-20 是將設備從機架中取出後的示意圖，由此可知藉由專用的機架，能夠有規則地、有效率地搭載伺服器。

圖1-19　伺服器機架內搭載的設備範例

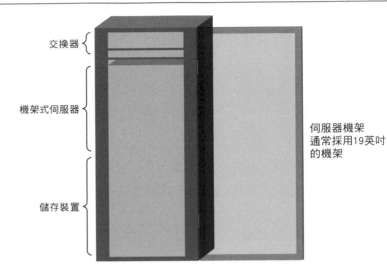

交換器

機架式伺服器

儲存裝置

伺服器機架
通常採用19英吋
的機架

圖1-20　從機架中取出後的狀態（**SAN** 的情況）

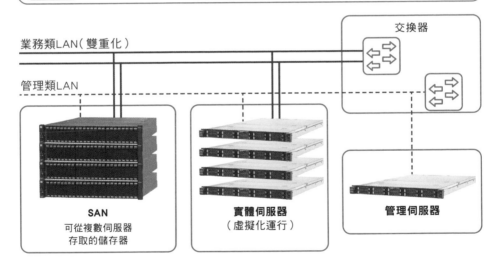

業務類LAN（雙重化）

管理類LAN

交換器

SAN
可從複數伺服器
存取的儲存器

實體伺服器
（虛擬化運行）

管理伺服器

Point

✎資料中心設置了大量的機架，各機架中搭載了交換器、儲存器、機架式
伺服器等。

✎在多數伺服器共享的儲存器中有效率地利用。

≫ 管理大量伺服器的機制

控制器的存在

1-6 是由用戶的角度解說了系統配置，這一節會從雲端業者的角度說明系統配置。

雲端業者的資料中心有名為**控制器**的伺服器，用來統一管理、運行服務。

控制器是統一進行虛擬伺服器管理、用戶認證，類似於主從系統中伺服器的存在。如同主從系統伺服器管理大量客戶端電腦，作為控制器的伺服器用來管理其他大量的伺服器、網路設備（圖 1-21）。

如同上述，控制器是實現雲端服務必要的功能。若是考慮建構私有雲，就得學習控制器或者具備類似功能的軟體。

控制器必須具備的功能

以下簡單說明控制器必備的功能重點：

- 虛擬伺服器、網路、儲存器的管理（圖 1-22）
- 資源分配（用戶的指派）
- 用戶認證
- 運行狀況的管理

為了管理大量的伺服器，控制器當然也得利用資料空間。控制器是伺服器中的伺服器，但基本上**類似於主從系統的伺服器**。

圖1-21 控制器的示意圖

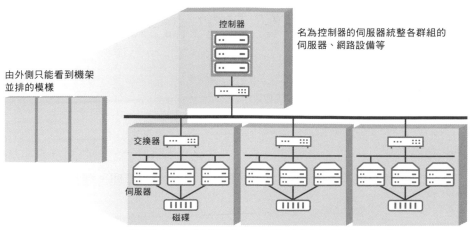

控制器
名為控制器的伺服器統整各群組的
伺服器、網路設備等

由外側只能看到機架
並排的模樣

交換器

伺服器

磁碟

這是私有雲規模的配置方式,雲端服務業者的配置具有擴張性,
如圖1-22

圖1-22 控制器的主要功能

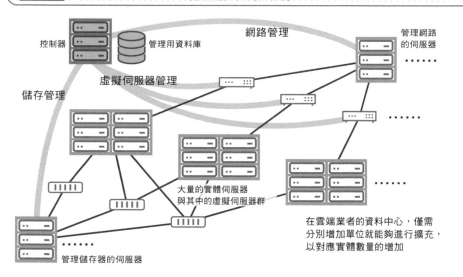

控制器
管理用資料庫
網路管理
管理網路
的伺服器

虛擬伺服器管理

儲存管理

大量的實體伺服器
與其中的虛擬伺服器群

在雲端業者的資料中心,僅需
分別增加單位就能夠進行擴充,
以對應實體數量的增加

管理儲存器的伺服器

Point

✐在雲端服務中,是由控制器管理大量的伺服器。

✐控制器可發揮類似主從系統伺服器的功能。

» 雲端的歷史與普及的背景

歷史與變遷

本節將說明雲端與發展至雲端的歷史。

以美國為中心,自 1990 年代起,許多業者開始提供在資料中心建構企業系統,或者將整個系統委外營運等服務。開始將過去由資訊系統部門等管理的部分伺服器移轉至資料中心。

就企業內部而言,1995 年左右的主流是由企業組織的各部門管理伺服器。進入 2000 年後,愈來愈多企業部門嘗試**集成伺服器**。自 2005 年左右,虛擬化集成、運行伺服器的技術又進一步提升(圖 1-23)。

高度集成的虛擬伺服器、其他設備的運行愈趨複雜,企業開始萌生委外處理的念頭。

為了因應這樣的需求,亞馬遜、谷歌、微軟等各家 IT 大廠開始提供雲端服務。

在 2007 年左右,各大業者不謀而合地紛紛提供雲端服務,發展成如今各家 IT 廠商追隨三大供應商的情況。

雲端服務的多樣化

從狹義來說,雲端服務通常是指亞馬遜、谷歌、微軟三大供應商,與富士通、IBM、NTT 集團等大型 IT 供應商的服務,但實際上**各式各樣的業者都有提供服務**。尤其是含有 SaaS 應用程式的服務,只要擁有優質的應用程式,就能夠提供雲端服務,相關業者可說是與日俱增。因應用戶的需求出現各式服務,多樣化的服務深深影響現今的雲端服務(圖 1-24)。

圖 1-23 　由企業內部看伺服器集成的變遷

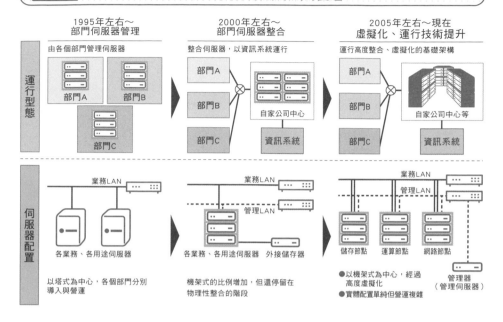

圖 1-24 　各種雲端服務的範例

財務、會計的雲端服務範例

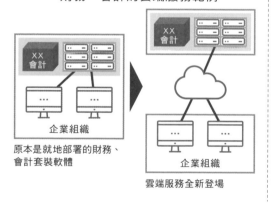

原本是就地部署的財務、
會計套裝軟體

雲端服務全新登場

名片管理的雲端服務範例

以掃描機、相機拍攝名
片上傳後，就能與相關
人員共享資訊的名片專
用雲端服務

Point

✏ 2007 年是雲端的重大轉捩點。

✏ 各家業者現在會配合企業組織的需求提供不同的服務。

≫ 因雲端改變的系統建構

設計與開發不能缺少的傳統型系統

前面談了雲端系統的特徵與普及的背景，但系統的建構也發生巨大的改變。在尚未利用雲端的舊有系統中，是依據想要以系統實現什麼事情，來檢討業務的應用程式、系統所需的伺服器、網路等設備，同時執行個別的設計與開發（圖1-25）。

換言之，開發系統的同時，需要檢討並設計易用程式、伺服器、網路等環節。

更詳細來說，也需要檢討伺服器的作業系統、支援中介軟體等應用程式的環境、系統的資安防護等。

利用雲端運算的系統

以利用應用程式、雲端為例，我們可如下思考（圖 1-26）：

● 具有實現雲端服務的應用程式嗎？
● 若是有的話，適合自身的目標用戶、存取狀況嗎？
● 成本花費、資安防護、多樣的通訊方式齊全嗎？

從廣義來說，其檢討的觀點與不利用雲端服務的情況相同，檢討的內容包含服務的有無、適性、服務水準等，業者可進行**服務調查**來「**評價**」，再一面試用服務，一面尋找適合自己的利用方式。

自行建構系統需要著手設計、開發等細瑣作業，但若利用雲端既存的服務，就能輕鬆又快速地完成。

圖1-25 系統的檢討

❶業務應用程式的檢討

●東京總公司與大阪分公司全體職員的訂貨系統

●由於近年商品增加,預計需要追加系統功能

❸網路的檢討

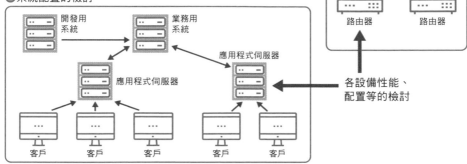

❷系統配置的檢討

開發用系統

業務用系統

應用程式伺服器

應用程式伺服器

客戶　客戶　客戶　客戶　客戶

路由器

路由器　路由器

各設備性能、配置等的檢討

圖1-26 業務應用程式的雲端服務檢討範例

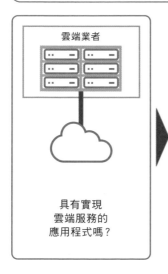

雲端業者

具有實現雲端服務的應用程式嗎?

從總公司與分公司連線利用

也想透過行動裝置連線利用

僅供日本國內的職員連線利用

若是有的話,適合自身的目標用戶、存取狀況嗎?

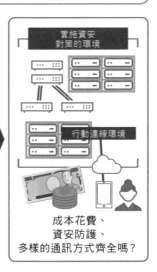

實施資安對策的環境

行動連線環境

成本花費、資安防護、多樣的通訊方式齊全嗎?

Point

⬦以雲端為前提的話,尋找、評價適當的服務很重要。

⬦雲端逐漸從「自行建構」轉為要求「尋找並運用自如」的能力。

》 由基礎架構來看雲端的優勢

IT 設備與相關設備齊全

因雲端改變的東西，不只是上一節所述的系統配置，在著手建構系統、運行系統上，同樣也會感受到便利性。

需要的 **IT 設備**；設置與運轉上不可欠缺的電源、空調、機架等設施；包含建築物在內的**相關設備**齊全，而且其規模、完備程度遠遠超乎用戶的預期（圖 1-27）。

舉例來說，公司內各部門共享文件的檔案伺服器系統是，伺服器與網路設備搭載於專用機架，再將該機架設置於該樓層的角落、專用機房。

開發利用系統的同時，需要自行準備設備，而雲端服務可對應各種用戶的需求，事前整備好搭載於機架上的伺服器群組。

容易擴增、縮減用量

雲端業者中心配置了為數眾多的 IT 設備、機架、電源裝置等實體設備。用戶不需要操心成本花費的問題，能夠僅利用需要的用量。從圖 1-27 中可以看到，當基礎建設完備而且數量龐大之後，**可隨意擴增、縮減用量**的優異性。

另外，郊外型資料中心實際上會是如圖 1-28 的建築物。在資安防護上，外頭沒有明顯標示廠商名稱的招牌，是僅有知情人士才會曉得的建築物。都市型通常是以一整棟大樓作為資料中心，同樣也是從外觀看不出是什麼建築物。

圖 1-27 維持系統所需的設備

除了網路設備等IT設備外，伺服器還需要設置電源、
空調設備、機架，以及容納這些設備的建築物。

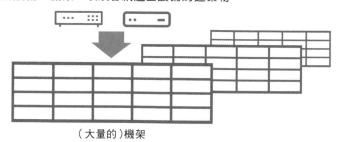

（大量的）機架

大型電源設備

大型空調設備

建築物（資料中心）

圖 1-28 資料中心的範例

郊區型資料中心（例：富士通的館林中心等）

- 多為大型工廠的外觀
- 為了防災、溫濕度控管，採取低樓層且幾乎沒有窗戶的格局
- 其他還有獨棟大樓的都市型等，但基於安全性的理由不對外公開

Point

✎雲端完整提供了系統需要的 IT 機具、設備。

✎IT 機具、設備的數量眾多，能夠簡單地擴增、縮減用量。

» 由系統運行來看雲端的優勢

不需要自己準備開發環境

自行開發及操作系統是相當麻煩的工程。

若是系統具有相當的規模，還得準備開發設備、開發環境等專用的系統環境，同時進行正式系統環境的建構與開發（圖 1-29）。

雲端能夠先從最低限度的開發環境切入，**再根據情況增加正式環境**，除了不需要擔心伺服器、網路設備的安排，還能夠節省放置場所的空間。

不需要自己運行、維護

系統開始運行後，營運負責人員得定期確認 IT 設備是否正常運行、發揮功能。再者，實體的設備需要定期維護，也可能會發生故障。

為了因應重要系統發生故障、出現問題時的狀況，甚至需要定期進行「故障演練」，練習如何迅速恢復系統正常運作（圖 1-30）。

隨著系統數量變多，設備的數量會隨著增加，運行、維護所需的負擔也會逐漸增加。

雲端的運行、維護是由設備的持有業者負責。

為了節省運行的負擔，愈來愈多企業投向雲端服務的懷抱。 的確，每天被為數眾多的 IT 設備包圍，還得照料它們不是件容易的事情。

雖然實際體驗過故障演練的人應該不多，但後台不可缺少的故障對應、復原等辛苦工作，能夠全部交由雲端服務業者負責。

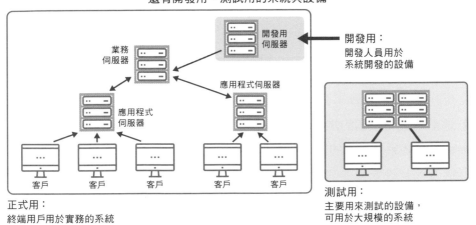

圖 1-29　系統分為正式用、開發用、測試用

除了實務利用的系統、IT設備外，
還有開發用、測試用的系統與設備

開發用：
開發人員用於
系統開發的設備

測試用：
主要用來測試的設備，
可用於大規模的系統

正式用：
終端用戶用於實務的系統

圖 1-30　運行監控、系統保養、故障演練

運行監控
（專門確認運行、功能是否正常的負責人員）

系統保養
（專門負責人員或者廠商）

故障演練（定期舉行）

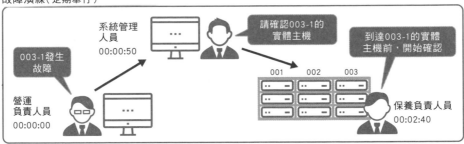

系統管理
人員
00:00:50

請確認003-1的
實體主機

到達003-1的實體
主機前，開始確認

003-1發生
故障

001　002　003

營運
負責人員
00:00:00

保養負責人員
00:02:40

Point

✎ 系統開發需要開發環境與正式環境，而雲端能夠靈活地建構環境。

✎ 為了減輕運行、維護的負擔，愈來愈多企業投向雲端的懷抱

雲端服務的市場規模

超過 1 兆 2,000 億日圓的雲端市場

　　根據 IT 專門調查公司 IDC Japan 的市場預測，2018 年日本的公有雲規模為 6,688 億日圓，比去年增加 27.2%（圖 1-31）；私有雲的市場規模為 5,764 億日圓，比去年增加 38.6%（圖 1-32）。

　　由兩者加起來超過 1 兆 2,000 億日圓的市場，就能了解大家對雲端服務的期待。高成長率也可證明此點。

　　2023 年的市場規模預測，公有雲將達 2018 年 2.5 倍的 1 兆 6,940 億日圓；私有雲將達 4.7 倍的 2 兆 7,194 日圓，私有雲在數年後會反過來超過公有雲。

私有雲成長的理由

　　就現狀而言，公有雲具有發展優勢，如消除對資安防護的不安、雲端業者提供了各種細緻的服務、多數企業加入 SaaS 市場等，這些都是其迅速成長的原因。

　　公有雲即時導入新的技術，帶動雲端技術不斷進步。宛若受到牽引般，小型化公有雲的私有雲技術也日新月異，試圖追趕超過公有雲。

　　IT 以數年一個循環進行**技術革新**，發展成熟後又受到新技術的牽引，不斷突破進步。若將 2018 年、2019 年視為雲端技術革新的一個區間，而後面進入成熟期，就能夠說明**私有雲一口氣加速發展**的情況。經過這段發展，技術能夠運用自如後，可能會有許多企業開始尋求可自行處理的私有雲。

圖 1-31　　　　　　　**日本公有雲服務的市場規模**

日本公有雲服務市場的營業額預測（2018年～2023年）

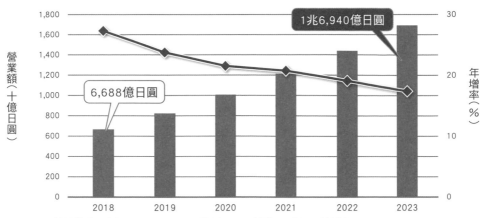

※ 比較對象的服務有SaaS、PaaS、IaaS，排除相關IT服務（導入、營運、支援等）
　 及軟體（例：在PaaS/IaaS運行的應用程式）

資料來源：日本國內公有雲服務的市場預測（IDC Japan 股份有限公司的調查）
URL：https://www.idc.com/getdoc.jsp?containerId=prJPJ44928319

圖 1-32　　　　　　　**日本私有雲服務的市場規模**

日本私有雲服務市場的營業額預測（2018 ～ 2023年）

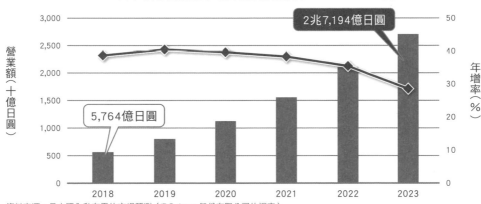

資料來源：日本國內私有雲的市場預測（IDC Japan 股份有限公司的調查）
URL：https://www.idc.com/getdoc.jsp?containerId=prJPJ45603419

Point

∥雲端市場將會是超過 1 兆日圓的市場。

∥不久的將來，私有雲的市場規模可能反過來超越公有雲。

常見系統的雲端化

　　雖然少部份的企業會將系統全面雲端化，但大部分的企業組織還是採取就地部署的系統。

　　那麼，從目前正在使用的常見系統中，將兩個不同的系統掛載於雲端運用會如何？試著從這個角度來思考，如底下的範例。將其整理成幾個簡單的項目。

檢討項目與欲雲端化的系統範例

系統範例1：檔案伺服器

檢討項目	範例說明
伺服器	電腦伺服器　（Windows Server）
網路	公司內部LAN
客戶／裝置	電腦客戶端60台　（一個組織）
其他的設備	無
今後的發展、需求	希望也能從行動裝置連線

系統範例2：列印伺服器

檢討項目	範例說明
伺服器	電腦伺服器　（Windows Server）
網路	公司內部LAN
客戶／裝置	電腦客戶端100台　（兩個組織）
其他的設備	印表機2台
今後的發展、需求	無

　　範例1和範例2的差異在於，客戶端的電腦台數與印表機、印刷資料的有無。

第 2 章

迎接從雲端思考系統的時代

~雲端是系統的基礎~

≫ 迎接從雲端思考系統的時代

日本政府的基本方針

2018 年 6 月，日本政府發表「政府資訊系統利用雲端服務的基本方針」，如同名為「Cloud by Default」的原則，揭示府省廳的資訊系統優先考慮利用雲端服務。

這顯示中央官廳將率先活用雲端實踐數位化，但早在該發表之前，日本就以實現內閣府定義的「**Society 5.0**」為目標（圖 2-1）。

Society 5.0 是高度融合虛擬空間與現實世界的系統，為了解決經濟發展、社會課題，提倡以 AI、IoT 等技術將第 4 期的資訊社會，進一步發展成第 5 期的未來社會。

作為日本政府追求的未來社會基礎之一，**雲端受到官方重視**，勢必會與 AI、IoT 等先進技術共同發展。

資安防護的方向性

另一方面，日本政府也提示了有關雲端資安防護的方向性。在美國有名為 FedRAMP（Federal Risk and Authorization Management Program）的政府雲端調度基準，這是根據政府機密資訊與其他重要資訊的管理指南所制定的計劃。日本政府也參考美國的動向，已經開始檢討**日本版 FedRAMP**（圖 2-2）。

如同上述，日本政府不僅率先推進雲端的導入，**也準備了有關雲端調度的資安防護基準。**

日本版 FedRAMP 預計自 2020 後半年施行。面對今後的雲端導入，檢討時也得留意此觀點才行。

圖2-1　　　　　　　　　Society 5.0 的概要

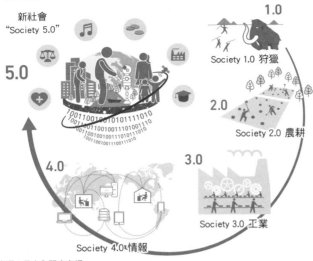

新社會 "Society 5.0"

5.0

4.0

1.0
Society 1.0 狩獵

2.0
Society 2.0 農耕

3.0
Society 3.0 工業

Society 4.0 情報

●藉由高度融合網路空間（虛擬空間）和實體空間（現實空間）的系統，同時解決經濟發展與社會課題，實踐以人為中心的社會（Society）

●繼狩獵社會（Society 1.0）、農耕社會（Society 2.0）、工業社會（Society 3.0）、資訊社會（Society 4.0）之後在第5期科學技術基本計劃首度提出，日本應該追求的未來社會樣貌

資料來源：日本內閣府官網
URL：https://www8.cao.go.jp/cstp/society5_0/index.html

圖2-2　　　　　　　　日本版 FedRAMP 的施行日程

制度施行前的預定

2019年　　夏　　　　年內　　　2020年　　　秋

擬定資安防護基準的草案募集公共意見

建立制度
（自2020年4月生效）

所有政府機關開始施行

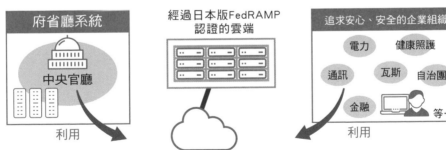

府省廳系統
中央官廳
利用

經過日本版FedRAMP認證的雲端

追求安心、安全的企業組織
電力　　健康照護
通訊　　瓦斯　　自治團體
金融　　　　等…
利用

●日本版FedRAMP是日本政府的雲端調度資安基準
●不僅只中央省廳，預計追求安心、安全的企業組織，也會利用經過認證的雲端

Point

🖊作為資訊系統的基礎，政府相當重視雲端。

🖊日本已經開始檢討雲端調度的資安基準。

≫ 雲端原生的意義

雲端原生的一般意義

應該許多人都有聽過雲端原生（**Cloud Native**）吧。這是指以利用雲端服務為前提，於雲端環境設計、開發系統或應用程式（圖 2-3）。

隨著該詞普及開來，直接於雲端環境開發利用的系統逐漸增加。在年輕的工程師當中，甚至有人未看過、未摸過實體的伺服器與網路設備。

CNCF 的定義

推動開發雲端原生的開源軟體團體 CNCF（Cloud Native Computing Foundation）從技術面向定義了雲端原生。

2018 年 6 月當時的定義概括如下：「雲端原生是指，在多樣動態的雲端服務環境下，強化組織開發與運行客戶應用程式的技術，例如容器化、微服務、API 等。」

除了前半段的一般含意之外，也提到必須具備**容器化**（參照 **4-6**）、**微服務**（參照 **4-10**）等具象徵性的雲端技術（圖 2-4）。

容器化是指，在虛擬環境中實現輕量化的基礎技術。微服務是指，透過網路與 API 呼叫雲端上各個獨立的應用程式。

雖然不太好理解，但能夠幫助我們思考「怎麼樣才像雲端？」。

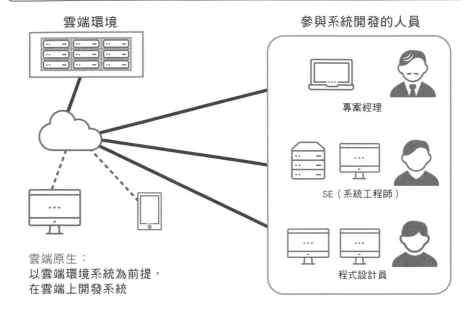

圖2-3 雲端原生的系統開發

雲端環境

參與系統開發的人員

專案經理

SE（系統工程師）

程式設計員

雲端原生：
以雲端環境系統為前提，
在雲端上開發系統

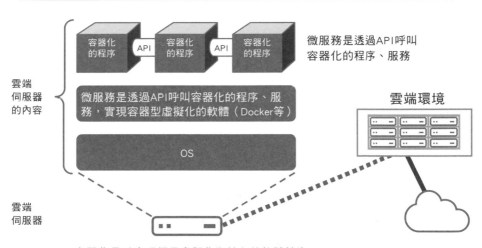

圖2-4 容器化與微服務的概要

容器化的程序　API　容器化的程序　API　容器化的程序

微服務是透過API呼叫
容器化的程序、服務

雲端伺服器的內容

微服務是透過API呼叫容器化的程序、服務，實現容器型虛擬化的軟體（Docker等）

OS

雲端環境

雲端伺服器

容器化是以實現輕量虛擬化為核心的軟體技術

Point

∥雲端原生是現代系統的代名詞。

∥容器化、微服務表示了雲端的意象。

» 雲端利用的選項與當前情況

混合雲的模式

現今,雖然還僅是少部分,但陸續有企業在雲端執行所有系統。許多企業組織以此為最終目標,而從當前狀態到達成該目標存在幾種情況。第 7 章會進一步詳細解說,這邊先來稍微瞭解概要吧。

根據需求結合雲端與非雲端系統,稱為混合雲(**Hybrid Cloud**)。

現實中的混合雲有下述幾種模式:

- 就地部署+公有雲 or 資料中心
- 就地部署+資料中心+公有雲
- 上述模式加上私有雲
- 公有雲+私有雲

相關人員在檢討時,建議如圖 2-5 畫出草圖,方便從視覺上、物理上理解差異。

混合雲的注意事項

正在導入雲端的企業組織,大多採取混合雲。

企業組織將原本就地部署的舊有系統,透過雲端、利用資料中心等方式,從容易移轉的部分開始,依序移轉至外部,所以才呈現混合狀態。

首先,可以選擇轉至雲端或者是資料中心,若沒有專用環境、個別需求之類的特殊要求,就能夠順利推動雲端環境。

在混合雲階段必須注意的是,各系統之間的網路與連結,畫出草圖的同時不要忘記**橫向連結**(圖 2-6)。

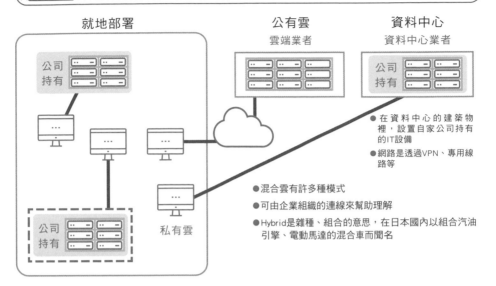

圖2-5 由用戶的視點來看混合雲

就地部署

公司持有

公司持有

公有雲
雲端業者

資料中心
資料中心業者

公司持有

● 在資料中心的建築物裡,設置自家公司持有的IT設備
● 網路是透過VPN、專用線路等

私有雲

● 混合雲有許多種模式
● 可由企業組織的連線來幫助理解
● Hybrid是雜種、組合的意思,在日本國內以組合汽油引擎、電動馬達的混合車而聞名

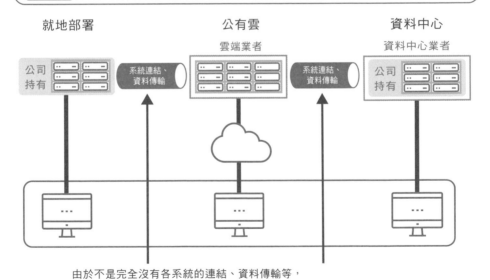

圖2-6 由混合雲的視點確認橫向連結

就地部署

公有雲
雲端業者

資料中心
資料中心業者

公司持有

系統連結、資料傳輸

系統連結、資料傳輸

公司持有

由於不是完全沒有各系統的連結、資料傳輸等,
所以需要確認有無必要性與如何實現

Point

🖊 在進行雲端化的過程,無法避免混合雲的情況。

🖊 混合雲需要留意各系統間的橫向連結。

≫ 雲端服務一應俱全

全面提供 ICT 資源

雲端業者提供的服務，可說涵蓋當前所有的 ICT 資源。

在不久之前，雲端多指下一節會介紹的 IaaS、PaaS、SaaS，具有代表性的三個服務。現在則是取「**透過網路提供各種 ICT 資源**」的意義，使用「Everything as a Service（**XaaS**）」這個詞彙。簡言之，就是全面提供資訊系統、ICT，分別發揮功能的服務總稱。圖 2-7 是當中的代表範例，但還有其他許多種類。

從細分的功能選擇

如同上述，資訊系統、ICT 全面轉由雲端提供服務，但基本型態果然還是舊有的 IaaS、PaaS、SaaS 三種類型。STaaS、**DBaaS** 是從 IaaS、PaaS 分割出來的服務型態。DaaS 若僅從字面上理解，容易聯想實體的桌上電腦、客戶端電腦，但實際是專門在伺服器上建構虛擬桌面的服務，其中也有業者當作 IaaS 來提供。

然而，如上**依各種功能細分後，企業組織能夠僅選擇自己遇到困難、感到棘手的服務，這肯定會讓雲端商務進一步發展。**

圖 2-8 是 DBaaS 與 BaaS 的示意圖，其中也有業者將其作為 IaaS、PaaS 的就地部署來提供。

首先，根據 as a Service 的各種功能來區分，或許能夠幫助理解也說不定。

圖 2-7　構成 XaaS 的服務

服務型態	提供的 ICT 資源
IaaS（Infrastructure as a Service）	硬體（CPU、記憶體等）、作業系統、通訊環境等的基礎架構
PaaS（Platform as a Service）	應用程式運行環境的應用程式伺服器、資料庫等的平台及開發環境
SaaS（Software as a Service）	應用程式
STaaS（Storage as a Service）	區塊裝置儲存器、物件儲存器等
DBaaS（Database as a Service）	資料庫服務
DaaS（Desktop as a Service）	專門提供虛擬桌面的環境
BaaS（Backend as a Service）	用戶認證、位置資訊服務、推播通知等，主要用於智慧手機的後台常規服務
IDaaS（Identity as a service）	身分管理

圖 2-8　專門提供特定功能的服務，**DBaaS** 與 **BaaS** 的範例

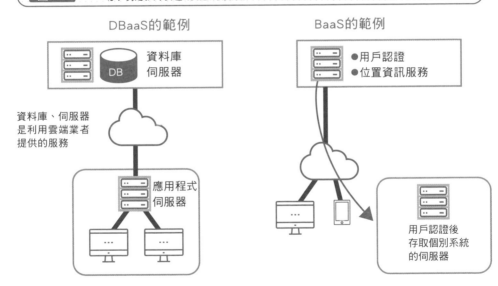

DBaaS的範例

資料庫伺服器

資料庫、伺服器是利用雲端業者提供的服務

應用程式伺服器

BaaS的範例

●用戶認證
●位置資訊服務

用戶認證後存取個別系統的伺服器

Point

✐雲端是經由網路提供所有 ICT 資源的服務。

✐依各種功能細分後，也可從自己遇到困難、感到棘手的部分來檢討。

》 雲端服務的分類

依照服務的分類

如 XaaS 字面上的意思，雲端提供所有的 ICT 資源。雖說如此，基本型態還是 IaaS、PaaS、SaaS，這邊來重新複習雲端的三大服務（圖 2-9）：

- **IaaS**（Infrastructure as a Service）
  雲端業者提供伺服器、網路設備、作業系統的服務。用戶需要自行安裝中介軟體、開發環境及應用程式。
- **PaaS**（Platform as a Service）
  包含 IaaS 在內，追加中介軟體與應用程式的開發環境。
- **SaaS**（Software as a Service）
  用戶利用應用程式與其功能的服務，執行應用程式的設定、變更等。

作為用戶的選擇

SaaS 可根據想不想使用該軟體來判斷，但 IaaS 與 PaaS 就沒有那麼單純。

後面的章節會再分別解說，不過 IaaS 的檢討可**跟就地部署的伺服器比較**來幫助理解。因為伺服器是由業者持有，而業務應用程式是由用戶持有，所以需由用戶端判斷實裝的伺服器配置細節（圖 2-10）。

PaaS 依照用途來思考會比較容易理解，除了 OS ＋ DBMS、OS ＋ 網路伺服器、OS ＋ Python 外，還有其他的例子。三大供應商也以擁有豐富的 PaaS 種類而聞名。

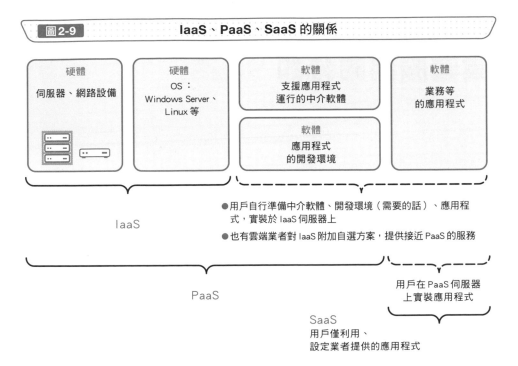

圖 2-9 IaaS、PaaS、SaaS 的關係

硬體
伺服器、網路設備

硬體
OS：
Windows Server、
Linux 等

軟體
支援應用程式
運行的中介軟體

軟體
業務等
的應用程式

軟體
應用程式
的開發環境

IaaS

● 用戶自行準備中介軟體、開發環境（需要的話）、應用程式，實裝於 IaaS 伺服器上
● 也有雲端業者對 IaaS 附加自選方案，提供接近 PaaS 的服務

PaaS

用戶在 PaaS 伺服器
上實裝應用程式

SaaS
用戶僅利用、
設定業者提供的應用程式

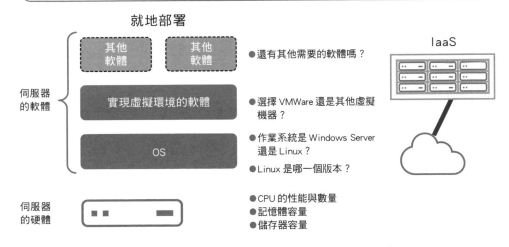

圖 2-10 就地部署與 IaaS 的共通檢討項目

就地部署

IaaS

其他軟體　其他軟體
● 還有其他需要的軟體嗎？

伺服器的軟體

實現虛擬環境的軟體
● 選擇 VMWare 還是其他虛擬機器？

OS
● 作業系統是 Windows Server 還是 Linux？
● Linux 是哪一個版本？

伺服器的硬體
● CPU 的性能與數量
● 記憶體容量
● 儲存器容量

● 如同上述，就地部署與 IaaS 的檢討項目相同

Point

✐ 雲端服務大致分為 IaaS、PaaS、SaaS 三種類型。

✐ IaaS 可跟就地部署的伺服器比較來幫助理解。

» 完整利用系統的 SaaS

SaaS 的普及

SaaS 是雲端服務中最容易理解、能夠完整利用系統的服務。

舉例來說，販售會計套裝軟體的企業，採用可在雲端環境利用的形式，包含名片管理應用程式都以雲端的方式來提供（參見圖 1-24）。

大規模的範例有國內外全體職員的郵件、行事曆等**群組軟體**（圖 2-11）。

僱用多達數萬職員的大企業，其利用的群組軟體規模也會相當地龐大。相較於自行建構、維護群組軟體用的系統與伺服器，若只是普通利用群組軟體，雲端所需的工程相對簡單，成本花費也較為低廉。除了業務系統外，像這樣活用 SaaS 的場景，也出現在群組軟體的其他各種情境。

利用 SaaS 的時候

由於 SaaS 是基於業務、**業務應用程式**提供服務，如同購買軟體，通常是按照基本使用費與用戶數（授權數）等計算收費（圖 2-12）。

跟舊有的軟體使用收費系統相似，這可能是 SaaS 逐漸擴展開來的原因之一。

SaaS 需要留意的點也是**橫向連結**。

若是自家公司的系統，對於 5 個系統可採 Single Sign On 伺服器（SSO），只需要登入一次就能輕鬆登入複數系統，但若單純地簽約 5 個 SaaS，則需要個別地登入 5 次。

圖2-11 SaaS 的範例

群組軟體的範例

SaaS：郵件伺服器

中國職員

日本職員

北美職員

圖2-12 SaaS 的收費計算

就地部署所需的軟體費用

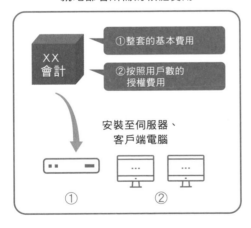

XX
會計

①整套的基本費用

②按照用戶數的
授權費用

安裝至伺服器、
客戶端電腦

①　　　②

SaaS：業務應用程式

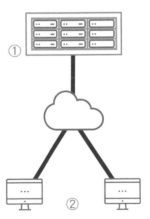

①

②

若是業務應用程式，
通常是跟就地部署時一樣的收費系統
①基本授權、②按照用戶數的授權

Point

✎除了業務應用程式外，SaaS 也開始提供群組軟體的利用。

✎使用複數 SaaS 時需要留意橫向連結。

》 跟伺服器的導入比較來看 IaaS

系統配置的視點

假設已經存在業務與業務應用程式，想想該如何組織建構伺服器（圖 2-13）：

❶ 選擇實體獨占還是虛擬環境？

首先，思考有沒有需要實體獨占伺服器。關於必須獨占的理由，可舉非公開資訊（例：新產品的設計資料、具有高保密性的個人資訊）、與特殊裝置的實體連線、講求高性能與高回應性等等。

❷ 一台還是複數台？

接著，無論實體或者虛擬皆用一台實現，還是採用複數台設置備份？此觀點在建構網路時也要考慮。

這是鑒於系統的重要性，即便遭逢災害等災害復原（Disaster Recovery）、重大故障等也能繼續執行業務，而準備複數配套的構想。這也能夠設定、選擇不同的地域。

❸ 有做好業務資料、應用程式的故障對策？

到上述的❷，即便伺服器端做好系統環境遭逢災害、故障的防護對策，也需要檢討軟體端的因應對策。**就地部署的伺服器導入也是同樣的情況。**

運行維護

除了系統配置外，還有該如何監視系統是否正常運行、是否發生故障等的觀點。

另外，變更、增強系統配置的方法；變更時應用程式的運用、停止步驟等，也需要進行檢討（圖 2-14）。重要的是釐清服務選單，而這基本上可由搭載於 IaaS 的**系統重要性來決定。**

圖2-13　檢討伺服器配置的步驟

❶選擇實體獨占　　　❷一台還是複數台？　　　❸有做好伺服器中
還是虛擬環境？　　　（無論實體或者虛擬）　　業務資料、應用程式的
　　　　　　　　　　　　　　　　　　　　　　　故障對策嗎？

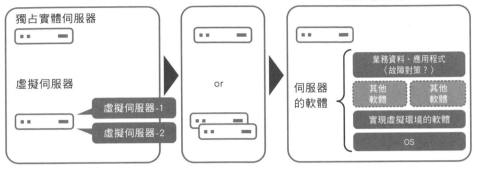

圖2-14　由系統的重要性決定如何運行、維護

遠距運行監視的內容
（是否正常運行？是否發生故障？）

系統的重要性

系統負責人員檢討事項的具體範例

變更、增強系統配置的方法

變更時的應用程式運行、停止步驟、
是否採取業務雙重化

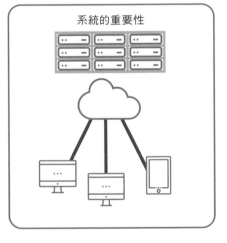

●未來增強、變更的頻率與可能性？
●系統即便停機數分鐘也沒有大礙嗎？
●絕對不會丟失任何一小部分的資料嗎？

Point

🖉在檢討 IaaS 的導入時，可採取與就地部署的伺服器系統配置相同的
思維。

🖉系統配置可由目標系統的重要性來判斷。

» 包含開發環境的 PaaS

開發環境與共通元件

隨著 IaaS 的服務充實完善，愈來愈難定義與 **PaaS** 的分界，但最大的差異在於開發環境的有無。

若是就地部署的環境，建構系統的同時，會建構並運行正式環境與開發環境，而 PaaS 配置的虛擬環境已經包含了開發環境（圖 2-15）。

從開發所需的程式語言、工具到軟體框架（Framework）、開發實行環境，全部都整備齊全。另外，PaaS 的服務本身也經過強化，除了開發環境外，也逐漸提供顧客管理、表單設計、新領域的 IoT 基礎等，也就是多數系統共通的元件群組（圖 2-16）。

PaaS 的成長備受期待

若將**共通元件**定位為 PaaS，則能夠期待其今後的長足進步。

現今，雲端服務業者正在嘗試充實 IoT 基礎等的共通元件。若能活用 **IoT、AI** 及其他新技術的共通元件，企業組織就有可能利用 PaaS 致力於自身商務。對新技術、數位技術的需求愈高，PaaS 會發展出愈大的商務。

前面講解了 SaaS、IaaS、PaaS，期望各位能夠活用於**判斷自己需要哪種服務、整理比較業者服務時的思維與標準**。

另外，有些雲端業者不使用 PaaS、IaaS 等用詞，需要從服務的配置要素來判斷 PaaS、IaaS 等的類型。

圖 2-15　PaaS 伺服器的示意圖

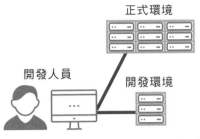

就地部署

正式環境

開發人員

開發環境

●就地部署是同時建構正式環境與開發環境，待開發到一個段落後，移轉至正式環境實裝測試
●大規模的系統，有時也會建構專用的測試環境

PaaS

正式環境

包含開發語言、工具、軟體框架、開發執行環境等

開發人員

PaaS是在正式環境的虛擬伺服器中配置開發環境

圖 2-16　實裝至 PaaS 的共通元件

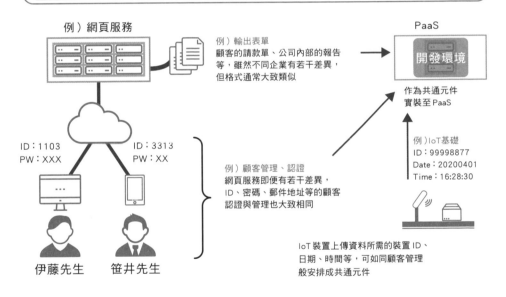

例）網頁服務

例）輸出表單
顧客的請款單、公司內部的報告等，雖然不同企業有若干差異，但格式通常大致類似

PaaS

開發環境

作為共通元件實裝至 PaaS

例）IoT基礎
ID：99998877
Date：20200401
Time：16:28:30

ID：1103
PW：XXX

ID：3313
PW：XX

例）顧客管理、認證
網頁服務即便有若干差異，ID、密碼、郵件地址等的顧客認證與管理也大致相同

IoT 裝置上傳資料所需的裝置 ID、日期、時間等，可如同顧客管理般安排成共通元件

伊藤先生　　笹井先生

Point

✎PaaS 包含了系統開發時重要的開發環境、共通元件。

✎在釐清自己所需的服務、比較各家的服務內容時，可由 PaaS、IaaS 的思維來幫助理解。

» 區別使用雲端服務

依業務區別使用

1-4 説明了存在近似雲端的資料中心伺服器,而 2-3 講到愈來愈多企業組織採用結合雲端與非雲端系統的混合雲環境。

在 2-4 解説了按照提供的內容,雲端服務可大致分為 SaaS、IaaS、PaaS,存在各式各樣的服務業者。

雖然當前存在多樣型態的服務,但雲端也逐漸進入依業務、目的細瑣區別使用的時代。

舉例來說,顧客管理系統利用 A 公司的 PaaS;會計系統使用 B 公司的 SaaS 等。即便是相似的業務,也有可能區別使用不同公司的服務,同時利用複數的雲端服務稱為**多重雲**(**Multicloud**,圖 2-17)。

依階層區別使用

前面有提到橫向連結的觀念,而上述的依業務區別使用就相當於橫向連結。

其實,多重雲也有**縱向連結**。

這是相對新穎的利用方式。舉例來說,如圖 2-18 以複數系統利用圖 2-8 的 BaaS,用戶管理利用 X 公司的服務,認證後使用 Y 公司的服務與 Z 公司的服務,根據階層配置區別使用服務。

以就地部署來說,相當於經由 SSO 伺服器登入業務系統。這個範例也存在其他利用方法,雖然階層配置的區別使用會形成複雜的系統,但就資安對策、網路效率化的觀點,卻也受到眾人矚目。

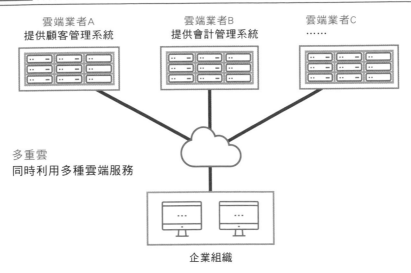

圖 2-17 多重雲的概要

雲端業者A
提供顧客管理系統

雲端業者B
提供會計管理系統

雲端業者C
……

多重雲
同時利用多種雲端服務

企業組織

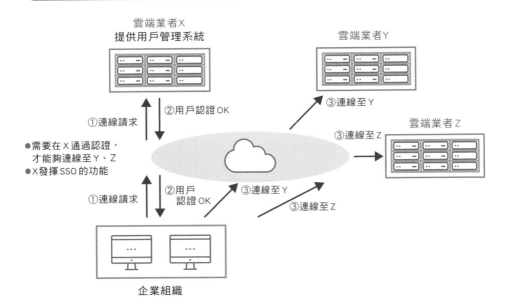

圖 2-18 依多重雲的階層配置來利用

雲端業者X
提供用戶管理系統

雲端業者Y

雲端業者Z

②用戶認證 OK

①連線請求

③連線至 Y

③連線至 Z

● 需要在 X 通過認證，
才能夠連線至 Y、Z
● X 發揮 SSO 的功能

①連線請求

②用戶
認證 OK

③連線至 Y

③連線至 Z

企業組織

Point

🖉 使用多家公司的不同雲端服務，稱之為多重雲。

🖉 多重雲除了橫向連結外，也會利用階層結構的縱向連結。

≫ 雲端利用的注意事項①
～看得見的地方～

資料中心的規格

若考慮由自家公司管理系統，會聯想到資訊系統中心、電算室、總公司的專用空間等。

此時，場所在什麼地方？建築物有完善的耐震、電源設施等嗎？內部設備充實完備嗎？需要確認是否為系統能夠穩定運行的環境吧。

若換成資料中心，需要考慮下述項目（圖 2-19）：

❶ 國內外的場所（**建置地域**）

例如，假設想要運行系統的主要地域為東日本 1，為了實現**災害復原**而於西日本地域、海外地域 B 建構備份，諸如此類。

❷ 包含耐震、停電對策的建築物設施。

❸ 電信網路與連線路徑。

❹ 物理實體伺服器、網路設備與可用區域。

當然，有些雲端業者基於安全性的考量，沒有公開一部分的詳細內容。

運行的機制

建築物、設備的注意點相對容易理解，但還得留意如何管理大量的伺服器、系統。

例如，❶運行監視系統的監視、❷回報系統的報告、❸ 24 小時有人監視、❹有無各項系統、產品的合格人員、❺特別指派運行要員等，需要確認**是否可充分對應或者達到媲美自家公司的水準**（圖 2-20）。

圖 2-19 建置地域等的資料中心檢討

❶建置地域

建置地域
- 東日本3
- 東日本2
- 東日本1

建置地域
- 西日本3
- 西日本2
- 西日本1

建置地域B（美國）

建置地域A（日本）

❷建築物與設備

大型空調設備　　大型電源設備

❸電信網路

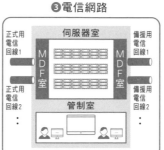

伺服器室

正式用電信回線1　　備援用電信回線1

ＭＤＦ室　　　　　ＭＤＦ室

正式用電信回線2　　備援用電信回線2

管制室

❹可用區域

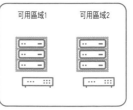

可用區域1　　可用區域2

可用區域
（Availability Zone： AZ）：
包含電源設施在內，
將伺服器與網路設備
分別配套於複數區域

圖 2-20 由運行視點的檢討

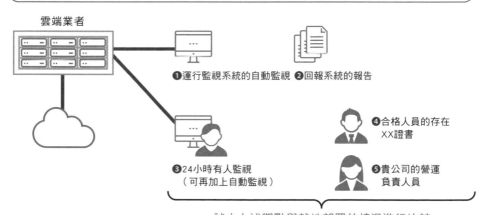

雲端業者

❶運行監視系統的自動監視　❷回報系統的報告

❹合格人員的存在　XX證書

❸24小時有人監視（可再加上自動監視）

❺貴公司的營運負責人員

試由上述觀點與就地部署的情況進行比較

Point

✔確認資料中心作為雲端服務提供據點的最低限度標準。

✔與就地部署的情況比較，選擇能夠向上提升的服務。

» 雲端利用的注意事項② 〜看不見的地方〜

服務級別

　　雲端服務通常會保證擁有與資料中心服務相同的服務水準，該協議通稱為 **SLA**（Service Level Agreement：服務等級協議），例如，保證簽約的虛擬伺服器、儲存器擁有 99.99%的運行率等（圖 2-21），並且確認發生緊急情況時可得到什麼樣的資源。

　　該基準可評估服務的穩定性，99.99%的運行率萬一真的發生中斷，也僅是一年約 1 個小時左右，自家公司想要達成這種程度是相當困難的。

　　我們想要透過 SLA 釐清的是，**區別責任範圍的歸屬**。例如，在商品販售與運行時間成正相關的網路販售系統，系統中斷會減少相應的營業額，但不會獲得損失利益的補償。另外，在調查系統中斷的原因是由雲端業者、網路業者還是自家公司引起時，確認如何對應也是很重要的事情。

構成資料的資訊

　　用戶在處理系統中的各種資訊時，**得先由重要性、機密性的觀點自行確認。**

　　即便是高資安防護的系統，仍是經由人手設計而成，難說絕對不會發生意外。另外，若是雲端服務僅有海外據點，發生問題時有可能無法避免受到**海外法律**規範，被迫提供資料。為了守護資料，也得從內容嚴審與法律觀點進行確認（圖 2-22）。

　　在金融機構當中，有些企業顧及這個部分而不使用雲端。

圖2-21　　表示服務級別的運行率（容忍中斷時間）

24小時　　× 365日 ＝ 8,760小時
8,760小時 × 0.99 ＝ 8,672小時＜容忍中斷時間為88小時（約3天半）＞
8,760小時 × 0.999 ＝ 8,751小時＜容忍中斷時間為9小時＞
若是99.99%或者0.9999（Four Nines），容忍中斷時間減少至1小時

- 運行率（容忍中斷時間）是表示系統可用性的指標
- 想要實現99.99%並不容易，業者端需要相當的知識技術
- 除此之外，MTTR（平均修復時間）是表示恢復時間的指標
  雖然未在雲端服務公開，但各業者都有獨自的運行基準

$$\text{MTTR（平均修復時間）} = \frac{\text{修復時間總和}}{\text{修復次數}}$$

圖2-22　　雲端相關的規範法（以美國為例）

雲端相關的規範法
當發生涉及國家安全保障等相關事件時，
國家可強制供應商提供資料的法律

	法　律
（例） 美國	● 美國自由法 （USA Freedom Act） ● 美國CLOUD法 （Clarifying Lawful Overseas Use of Data Act）

- 即便是日本企業保存於美國的資料，發生問題時也有可能被合法地閱覽
- 政府機關可能為了閱覽而扣押伺服器本體

Point

✎ 看不見的地方需要考量 SLA、故障發生時的對應等。
✎ 務必確認在雲端服務中傳輸的資料重要性。

» 雲端上的公開化

開源雲端

開源軟體（Open Source Software）已經滲透至 IT 場景的各個角落。開源軟體過往多舉 Linux 範例來說明，現在是指以促進軟體開發、共享成果為目的，可透過公開原始碼再次利用、發布的軟體總稱。

在雲端服務的業界，過去也有類似的動向。

雲端的開源軟體可舉 OpenStack、Cloud Foundry、Apache CloudStack、Eucalyptus、Wakame 等，本書會在第 4 章專門講解 OpenStack、Cloud Foundry，其中又以 **OpenStack** 最具代表性。

由於基本資訊對外公開，能夠作為雲端服務業者或者檢討建立私有雲時的範本。

用戶能夠以管理軟體的 GUI 設定與設計、觀看運行情況（圖 2-23，細節請參見 **4-17**）。

透過 IT 資源管理，分別存取虛擬伺服器、虛擬儲存器、虛擬網路。圖 2-23 是 OpenStack 的軟體配置簡圖，雲端基礎軟體大多都是這樣的配置。

學習雲端的捷徑

當前，全球雲端商務的市占率是亞馬遜 AWS 居首、微軟 Azure 次之（圖 2-24）。

由於 AWS、Azure 不是開源軟體，並未公開所有的規格細節，但市面上已出版許多相關的專業書籍。

若雲端的知識想要達到工程師的水準，學習捷徑是**以開源軟體的 OpenSack 為基礎，與 AWS、Azure 進行比較**。

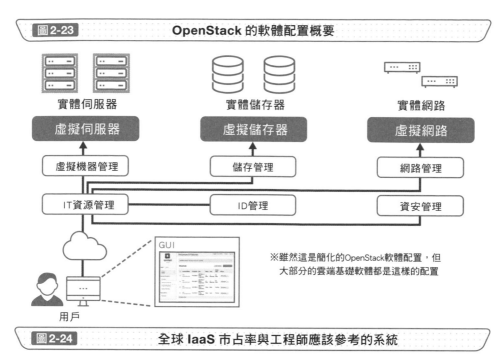

図 2-23　OpenStack 的軟體配置概要

實體伺服器　　　　　　　　實體儲存器　　　　　　　　實體網路

虛擬伺服器　　　　　　　　虛擬儲存器　　　　　　　　虛擬網路

虛擬機器管理　　　　　　　儲存管理　　　　　　　　　網路管理

IT資源管理　　　　　　　　ID管理　　　　　　　　　　資安管理

GUI

用戶

※雖然這是簡化的OpenStack軟體配置，但
大部分的雲端基礎軟體都是這樣的配置

図 2-24　全球 IaaS 市占率與工程師應該參考的系統

美國 Gartner 提示的 2018 年 IaaS 市占率

企業名稱		營業額（百萬美元）	市占率
亞馬遜	amazon	15,495	47.8%
微軟	Microsoft	5,038	15.5%
阿里巴巴	Alibaba.com	2,499	7.7%
其他		9,410	29.0%

※2020年3月4號 日本經濟新聞

工程師應該參考的雲端服務

aws

亞馬遜 AWS：
商務上的市占率最高，
以先進的服務引領市場

Azure

微軟 Azure：
繼Windows之後
經過洗練的服務

Google Cloud

谷歌 GCP：
宛若先進技術的領頭羊

OpenStack：
開源軟體上的市占率最高，
大型IT供應商幾乎都採用
OpenStack

學習捷徑是以OpenStack為基礎，學習三大供應商的
其中之一。拿不定主意的人不妨選擇AWS

Point

✎ OpenStack 是開源軟體上市占率最高的雲端基礎軟體。

✎ 目標成為雲端工程師的人可以 OpenStack 為基礎，比較 AWS、Azure 等
服務來幫助理解。

» 用語會因業者而不同

檔案伺服器中的標準步驟

大部分的企業組織擁有就地部署的檔案伺服器，或者曾經擁有過實體伺服器。

例如，在既有 LAN 環境的辦公室就地部署新的檔案伺服器，可由用戶數、利用情況來評估伺服器的 CPU、記憶體、磁碟等。作業系統可選用 Windows Server 或者 Linux 等，但現在多是直接捆綁作業系統銷售，購置保證可運行的伺服器吧。

相關人員能夠自行指派 IP 位址、設定檔案伺服器的功能等（圖 2-25）。

任誰都可採取同樣的步驟像這樣建立檔案伺服器，說已經標準化也不為過。若是就地部署的伺服器，能夠以共通的措辭、步驟傳遞想做的事情，但若換成雲端服務，就得理解業者的服務名稱、用語。

在 AWS 建構檔案伺服器的步驟

圖 2-26 是在 AWS 建構檔案伺服器時，亞馬遜對 **Amazon EC2** 等的概括說明。即便不清楚英文簡寫表示什麼，應該也能夠瞭解大致的意思。

簡言之，就是說明將作業系統安裝至虛擬伺服器後，建議設定儲存器、備份用的儲存器，但這**需要理解亞馬遜特有的用語**。

另外，若是檢討在微軟的 Azure 上建構檔案伺服器，可選擇 **Azure Files** 的檔案共享服務，或者將 Azure 的虛擬伺服器當作檔案伺服器來使用，但跟亞馬遜一樣，需要看懂微軟的個別用語才行。

圖2-25　就地部署建構檔案伺服器的步驟

檔案伺服器的建構步驟

確認用戶的要求

例）
用戶數、
利用狀況

評估配置

例）
CPU、
記憶體、
磁碟容量

選定軟體

例）
Windows
Server
or Linux

設定作業

例）
設定IP位址、
功能

※省去安排伺服器、搭載至機架上等實體作業

設定機能的範例

Windows Server
的檔案伺服器

```
Windows Server
+
（檔案伺服器）
（檔案伺服器資源管理員）
```

由檔案伺服器資
源管理員
進行各種設定

Linux的
檔案伺服器

```
Linux OS
+
Samba
```

以Samba
進行各種設定

Linux（CentOS）
上的Samba安裝畫面

Windows Server
的「伺服器功能選擇」

圖2-26　AWS 上的檔案伺服器建構

截自「檔案伺服器的雲端配置與評估範例」（2020/7）

在Amazon EC2上安裝Linux或者Windows
作業系統，透過結合儲存伺服器的
Amazon EBS（OS／資料區域）與
Amazon S3（備份區域），包含資安政
策、權限的管理與認證，在雲端環境
建構、運行與就地部署環境一樣的檔
案伺服器。

用語
Amazon EC2：Amazon Elastic Compute Cloud
Amazon EBS：Amazon Elastic Block Storage
Amazon S3：Amazon Simple Storage Service

一般說法如下：
在Amazon虛擬伺服器安裝Linux或者Windows作業系統，
透過結合虛擬伺服器用的儲存器與適合備份的儲存器……

資料來源：https://aws.amazon.com/jp/cdp/fileserver/

各家公司使用獨自的用語，
多少需要熟悉一下，但習慣之後就沒有大礙

Point

✏雲端服務的用語會因業者而不同。

✏試著習慣 Amazon EC2、Amazon EBS 等的相關用語。

嘗試看看

常見系統的雲端化～系統配置～

在第1章「嘗試看看」舉例的系統，試著畫成簡單的系統配置。為了釐清搭載於實體雲端的部分與未搭載的部分，兩個系統配置最好盡可能不同。

系統配置圖的範例

❶ 檔案伺服器的系統配置

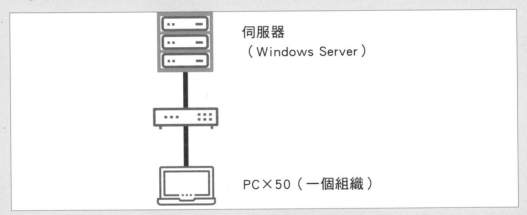

❷ 列印伺服器

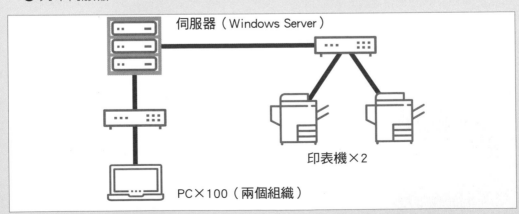

第 3 章

雲端改變了什麼？

～從業務到成本花費～

≫ 因雲端改變的 IT 商務界

大企業過去的系統建構、運行

在運行多數資訊系統的大企業，從以前就有進行雲端相關的研究、導入。在這樣的動向當中，近年系統建構方面出現巨大的變化。

過去大企業骨幹的業務系統，是以大型 **IT 供應商**（富士通、IBM、NEC、日立、NTT Data 等）支援自家公司的資訊系統部門、資訊系統分公司的形式建構系統。

根據供應商的不同，也會提供伺服器等硬體設備。

有些企業是利用 IT 供應商的資料中心，有些企業則是利用過去的就地部署系統。

由於系統運行後，應用方面也需要 IT 供應商的支援，所以系統的建構與運行深受單一或者複數家供應商的影響（圖 3-1）。

現今的大企業動向

然而，在雲端服務普及滲透的今日，形式已經出現巨大的轉變。在系統建構方面，大型 IT 供應商主要參與應用程式的開發。伺服器等的硬體可透過雲端服務調度，運行也可直接在雲端上完成（圖 3-2）。

這般傾向從數年前開始愈發顯著，近年由資訊型到基幹型的通訊系統、網頁，許多系統慢慢演變成當前的情況。

換言之，就用戶企業的立場來說，**逐漸演變成系統建構的夥伴選擇 IT 供應商與雲端業者，而運行的夥伴則必須留意雲端業者的環境**。

在這樣的動向基礎上，我們來看雲端改變了什麼吧。

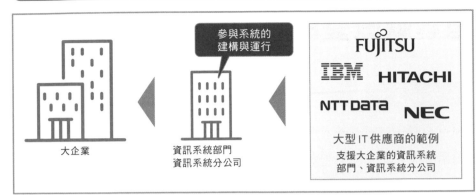

圖3-1　　大企業過去的資訊系統夥伴

參與系統的
建構與運行

大企業　　　　資訊系統部門
資訊系統分公司

大型 IT 供應商的範例
支援大企業的資訊系統
部門、資訊系統分公司

- 除了大企業的系統運行外，大型 IT 供應商也一手承接系統開發、軟硬體的提供
- 有些 IT 供應商對大型企業客戶具有深遠的影響力

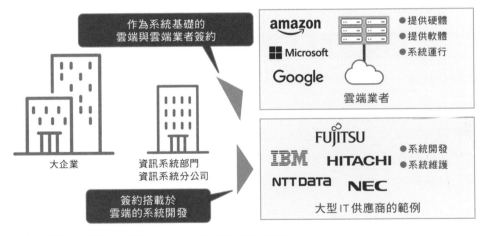

圖3-2　　因雲端改變的大企業資訊系統的夥伴

作為系統基礎的
雲端與雲端業者簽約

- 提供硬體
- 提供軟體
- 系統運行

雲端業者

大企業　　　　資訊系統部門
資訊系統分公司

簽約搭載於
雲端的系統開發

- 系統開發
- 系統維護

大型 IT 供應商的範例

隨著雲端普及、雲端業者的興起，大型 IT 供應商的影響力逐漸縮小
※大型 IT 供應商也是雲端業者，這邊僅介紹具有象徵性的範例

Point

　在大企業的系統建構，支援供應商的角色出現變化。
　迎接任何系統的用戶企業都得關注雲端業者的時代。

» 想到就能立即使用的系統

各家公司的態度

雲端服務令人感興趣的地方是，三大公有雲業者提供長達 12 個月期間**免費利用的試用服務**。

如圖 3-3 在頁面上填寫郵件地址、密碼、用戶名稱等簡單的資訊，就能夠免費利用。其採取的商業模式是，先透過個人利用體驗便利性、有效性，再延伸至企業組織的簽約。

根據業者的不同，有些是以企業向的服務為前提。

無論是哪種類型，都能夠在一定期間內免費利用。

試用時需要小規模的系統

相關細節會在第 7 章解說。在檢討導入雲端或者從既存系統移轉時，多數企業會從檔案伺服器等相對簡易的系統切入。

接著轉向容易移轉的網頁伺服器及系統；職員行事曆、郵件等通訊相關的系統；通訊型、基幹型系統等（圖 3-4）。

若不侷限於既存業務、系統的話，也可採用新系統的基礎架構。

AI、IoT 等的元件、系統，自行從頭開發相當費時費勁。

因此，就先嘗試雲端服務的觀點，建議採用檔案伺服器等功能限定，企業組織中**相對規模較小的系統**。

一面確認建構的步驟，一面移轉至雲端環境吧。

圖 3-3 ‧‧‧‧‧ **AWS 與 GCP 的免費利用頁面（2020/7）**

AWS的用戶註冊頁面　　　　　　　　GCP的用戶註冊頁面

在大型雲端服務業者註冊後，
就可以獲得免費使用的額度

圖 3-4 ‧‧‧‧‧ **從簡易系統移轉至複雜系統**

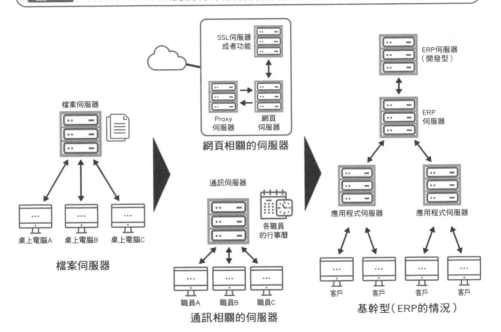

Point

✏許多業者提供免費試用，方便用戶進行嘗試。

✏在考慮要使用哪一家廠商之前，可以先用小規模的系統做測試。

» 日本的雲端服務使用情況

日本總務省的資訊通信白皮書

日本總務省每年都會發行《資訊通信白皮書》，提供 ICT 服務的利用動向、相關數據。

在最新的令和元年版第 2 部中，提到「企業對於雲端服務的利用動向」，調查內容揭示了企業的雲端服務利用狀況。

由圖 3-5 可知，包含全面利用、部分利用的公司在內，**利用情況逐年增加**，正在使用的企業約高達六成。

另外，就雲端服務的效果而言，「非常有效果」占 28.9%、「具有某種程度的效果」占 54.3%，實際感受到效果的企業比例有 83.2%，得到**調查對象的企業多數感受到效果的結果**。

企業的服務利用項目

然後，企業實際用於哪些場景呢？圖 3-6 的「雲端服務的利用項目」揭示了使用的服務內容。

利用情況中拔得頭籌的是**檔案保管、資料共享**，緊接著是電子郵件，後段班則有支付結帳系統、認證系統等的 BaaS，由此能夠感受到 XaaS 世界正逐漸實現。

就商務現場的經驗與感覺而言，導入雲端的企業會從檔案伺服器、列印伺服器等簡單的系統開始，接著投向網頁、通訊系統、資訊型系統、基幹型系統等，再逐漸轉為中、大規模的系統。由此調查也可看出，檔案保管與資料共享、電郵與行事曆等通訊服務逐漸成長。

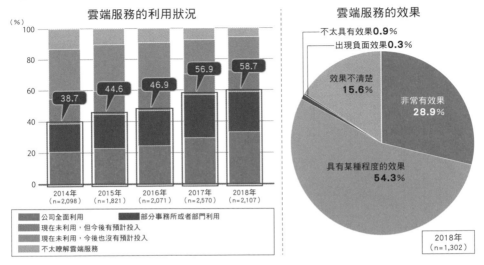

圖3-5 雲端服務的利用狀況

雲端服務的利用狀況

公司全面利用
部分事務所或者部門利用
現在未利用，但今後有預計投入
現在未利用，今後也沒有預計投入
不太瞭解雲端服務

雲端服務的效果

不太具有效果0.9%
出現負面效果0.3%
效果不清楚15.6%
非常有效果28.9%
具有某種程度的效果54.3%

2018年（n=1,302）

資料來源：日本總務省《令和元年版 資訊通信白皮書的要點 企業對於雲端服務的利用動向》
URL：https://www.soumu.go.jp/johotsusintokei/whitepaper/ja/r01/html/nd232140.html

第
3
章

日本的雲端服務使用情況

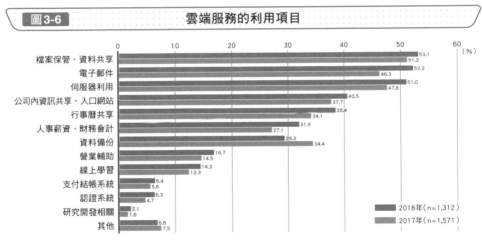

圖3-6 雲端服務的利用項目

項目	2018年	2017年
檔案保管、資料共享	53.1	51.2
電子郵件	52.2	46.3
伺服器利用	51.0	47.6
公司內資訊共享、入口網站	40.5	37.7
行事曆共享	38.4	34.1
人事薪資、財務會計	31.9	27.1
資料備份	29.3	34.4
營業輔助	16.7	14.5
線上學習	14.3	12.3
支付結帳系統	6.4	5.6
認證系統	6.3	4.7
研究開發相關	2.1	1.6
其他	6.8	7.5

2018年(n=1,312)
2017年(n=1,571)

資料來源：日本總務省《令和元年版 資訊通信白皮書的要點 企業對於雲端服務的利用動向》
URL：https://www.soumu.go.jp/johotsusintokei/whitepaper/ja/r01/html/nd232140.html

Point

✐日本總務省《資訊通信白皮書》顯示雲端的利用逐年增加。
✐實際感受到效果的企業超過八成，可從檔案保管等簡易系統開始切入。

» 雲端是為誰服務的系統？

根據人才會有不同的需求

透過活用雲端服務，能夠增進資訊系統人才的工作效率，或者由與就地部署相異的各種潛在能力構想出新的創意。

這邊就來看利用雲端服務後，營運負責人員、系統開發人員、終端用戶等三者（圖 3-7）會發生什麼樣的改變、獲得什麼樣的好處。各位不妨想像**與自己相近的立場來閱讀下面內容**（圖 3-8）：

- **營運負責人員**

  由於伺服器、網路設備轉為使用雲端業者資料中心的設備，可不必操心故障對應、維護保養、不同情況的監視業務。重視硬體的話選擇 IaaS，但即便選擇 PaaS、SaaS，工作也會變得相當輕鬆。

- **系統開發人員**

  PaaS 直接就包含開發環境。開發機、正式機需要多大的規模、在什麼時間點調度等，過去需要處理這些計畫與準備，但透過雲端環境就能做出當下最好的選擇。最新的開發環境齊全，也是雲端服務的魅力。

- **終端用戶**

  透過 SaaS 的導入，確實可以增加系統的彈性，像是能夠支援行動裝置連線，實現預防緊急狀況的異地備援等等。

服務的類型取決於為誰服務

這一節從為誰服務的視點進行解說，若能夠釐清是為誰雲端化移轉的系統、全新導入的系統，就可果斷地決定利用的服務。

圖3-7 營運負責人員、系統開發人員、終端用戶的關係

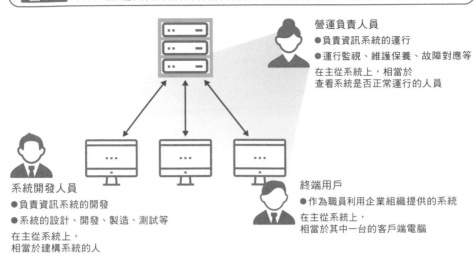

營運負責人員
- 負責資訊系統的運行
- 運行監視、維護保養、故障對應等

在主從系統上，相當於
查看系統是否正常運行的人員

系統開發人員
- 負責資訊系統的開發
- 系統的設計、開發、製造、測試等

在主從系統上，
相當於建構系統的人

終端用戶
- 作為職員利用企業組織提供的系統

在主從系統上，
相當於其中一台的客戶端電腦

圖3-8 營運負責人員、系統開發人員、終端用戶各自的好處

營運負責人員主要關注的部分
≒IaaS

好處：不必操心運行監視、故障對應、維護保養等

硬體 伺服器 網路設備	軟體 OS： Windows Server、 Linux等	軟體 支援應用程式 運行的中介軟體	軟體 業務等的 應用程式
		軟體 應用程式 的開發環境	

系統開發人員主要關注的部分
≒PaaS

好處：建構正式環境、開發環境

終端用戶主要
關注的部分≒SaaS

好處：使用起來更加便利

Point

✔ 根據人才對雲端化的需求，可站在不同的立場來幫助理解。

✔ 對開發人員來説，PaaS 是令人感激的存在。

雲端是實現三好哲學的系統

什麼是三好哲學？

日本近江商人有所謂的「三好哲學（三方良し）」，如圖 3-9 意味對買方好、對賣方好、對社會好，當對三方皆好的時候，就不僅只是買賣方之間單純的交易，而是對整體社會有所貢獻的好生意。

雲端正是**實現三好哲學的系統**，下面來看實際的範例（圖 3-10）：

- 例 1 　移轉網頁伺服器的範例
  - ・顧客企業：不需要操心增強、運行的工夫
  - ・雲端業者：提供網頁服務：從月入 20 萬日圓增為 50 萬日圓
  - ・終端用戶（顧客企業的職員）：無壓力的網頁閱覽
- 例 2 　依序移轉系統的範例
  - ・顧客企業：由檔案伺服器、中規模業務系統、網頁等依序移轉
  - ・雲端業者：從首年度月入 30 萬日圓增為 130 萬日圓
  - ・顧客企業的職員：系統性能提升帶來的無壓力感、行動裝置連線等的便利性

如同上述，真的實現對三方皆好的哲學。

終端用戶的視點

導入雲端時，主要是由資訊系統部門、經營層等系統業主的觀點進行檢討，但若考慮三好哲學的思維，對於終端用戶、職員等社會面向，該如何提供更佳價值的視點也很重要。

就「社會好」方面來說，技術上可重視**通訊手段**的便利性。

圖3-9 近江商人的哲學概要

三好哲學的示意圖

社會（世間）

買方　　　　　　　賣方

- 除了賣方的自己、買方的用戶外，近江商人還會考慮對於社會（世間）的貢獻來做生意
- 日本許多知名企業也以「三好哲學」作為公司的準則、信條

圖3-10 顧客企業、雲端業者、社會的三好範例

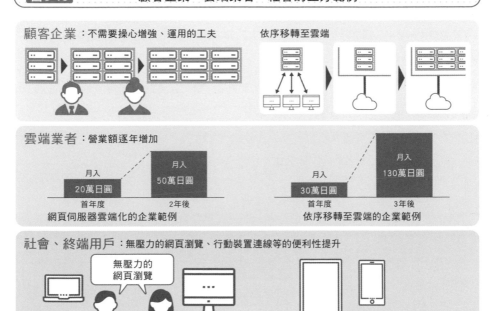

顧客企業：不需要操心增強、運用的工夫

依序移轉至雲端

雲端業者：營業額逐年增加

月入 20萬日圓　　首年度
月入 50萬日圓　　2年後
網頁伺服器雲端化的企業範例

月入 30萬日圓　　首年度
月入 130萬日圓　　3年後
依序移轉至雲端的企業範例

社會、終端用戶：無壓力的網頁瀏覽、行動裝置連線等的便利性提升

無壓力的網頁瀏覽

智慧手機、平板電腦

Point

- ✎ 雲端系統有助於實現對賣方好、對買方好、對社會好的三好哲學。
- ✎ 對用戶來說，是指連線方式的多樣化、便利性的提升。

》對經營、財務報表的衝擊

在財務報表上的定位

若是由自家公司持有伺服器、網路設備,則得認列為(會計上的術語)財務報表之一的**資產負債表**(Balance Sheet,B/S)中左側固定資產的有形固定資產,而軟體認列為無形固定資產(圖 3-11)。

為了認列至報表中當作資產,必須掌握各項資產的數量與金錢價值。如果大量持有 IT 設備,除了各項設備的數量外,還得花費時間精力評估折舊的情況。

作為解決這些問題的對策,許多企業組織選擇長期承租、短期租賃等形式,這部分得認列為**損益計算表**(P/L)中銷管費(損益表的銷售費及一般管理費)的租賃費(圖 3-11)。

雲端服務的利用費用中,銷管費還包括**手續費、支付手續費,或者更加細分的系統使用費等**。

資產負債表會是資產部分等於負債部分,但隨著 IT 設備增加,整體規模會跟著變大,對講求經營效率與精實化的現今來說,絕對不是理想的情況。

認列為利用費用的好處

若能夠認列為利用費、手續費,除了精實化外,還可將利益配置可視化。在銷售多少、淨賺多少的結果當中,能夠以數字明確表示雲端的利用發揮多少效能(圖 3-12)。

就經營的觀點而言,許多企業不再選擇自家持有,轉為長期承租、短期租賃或者付費使用雲端。

雲端的利用提升經營效率、可視化利益配置,在經營的觀點上也扮演著重要的角色。

圖3-11　在財務報表上的定位

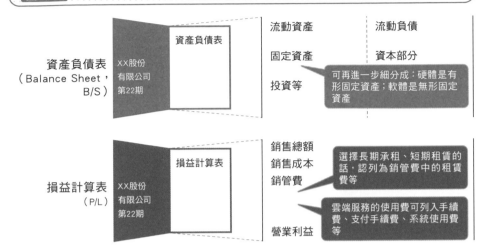

資產負債表
（Balance Sheet，
B/S）

XX股份
有限公司
第22期

資產負債表

流動資產　　　　　流動負債

固定資產　　　　　資本部分

投資等

> 可再進一步細分成：硬體是有形固定資產；軟體是無形固定資產

損益計算表
（P/L）

XX股份
有限公司
第22期

損益計算表

銷售總額
銷售成本
銷管費

> 選擇長期承租、短期租賃的話，認列為銷管費中的租賃費等

> 雲端服務的使用費可列入手續費、支付手續費、系統使用費等

營業利益

圖3-12　在銷售、成本上的定位

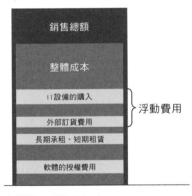

雲端化前的銷售
利益與成本配置

銷售總額

整體成本

IT設備的購入
外部訂貨費用
長期承租、短期租賃
軟體的授權費用

浮動費用

由於導入系統的年度
與下年度的金額浮動不固定，
難以看出對銷售利益的貢獻

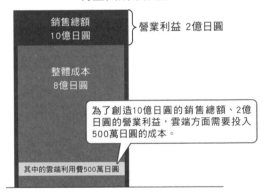

雲端化後的銷售
利益與成本配置

銷售總額
10億日圓　　　營業利益 2億日圓

整體成本
8億日圓

> 為了創造10億日圓的銷售總額、2億日圓的營業利益，雲端方面需要投入500萬日圓的成本。

其中的雲端利用費500萬日圓

系統大部分雲端化後，
就容易看出對銷售利益的貢獻

Point

- 將資訊系統與雲端服務放在一起比較，就能看出雲端服務有助於提升經營效率、降低成本。
- 雲端費用認列為手續費、系統使用費等。

》 不需要資產管理

IT 資產管理

在企業組織中，**IT 資產被當作資產來管理。**

會計上除了需要適當處理如前節所述的固定資產，也要採取**防止違反授權等的合規管理（Compliance Management）、防止從業人員不正當利用的內部控制（Internal Control）**（圖 3-13）。

另外，由於各種 IT 資產**需要資安對策**，所以相關作業也會增加。

基本上，IT 資產會標上名為財產編號、資產管理編號等唯一的號碼，與實際位置一併管理。

有些企業組織選擇利用系統自動執行 IT 資產管理，有些則是在必要時由負責人親眼確認。

電腦資產管理的範例

若以身邊常見的電腦為例，除了作為財產管理的號碼（財產編號）外，也會管理電腦名稱、用戶 ID、IP 位址、MAC 位址、安裝的軟體與版本等資訊。這部分是由**資產管理系統與伺服器**負責。在容許職員自由運用軟體、媒體的企業組織，管理作業會更為困難（圖 3-14）。

對於這些項目，伺服器也會遇到類似的情況。

假設存在 100 台伺服器，上述資料就會有 100 份，每當變更而需要維護時，管理 100 台伺服器是相當困難的事情。

進行雲端化後，就不需要這樣的管理。

客戶端電腦也透過雲端虛擬化後，就能夠一併管理，變得相當輕鬆。

即便僅是資產管理，也是雲端的表現比較傑出。

圖3-13 IT 資產管理的目的

IT資產管理的目的

目的1

合規管理、內部控制的強化

● 防止軟體利用違反授權
● 會計上適當處理固定資產
● 防止IT資產的不當利用

系統的範例：資產管理系統
在伺服器與客戶電腦安裝專用軟體，
建立資產管理分類帳表

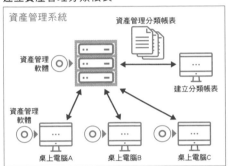

目的2

資安防護的強化

● 減少使用帶有漏洞的軟硬體
● 防止公司內部違反資安政策

系統的範例：防毒系統
伺服器連線至防毒軟體公司的伺服器，
取得並更新最新的防毒程式

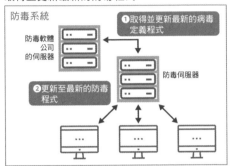

圖3-14 資產管理的範例

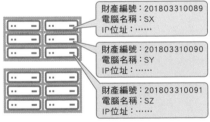

● 除了財產編號外，IT設備的資產管理
　還要管理電腦名稱等項目
● 隨著數量增加，管理相對會變得愈加複雜

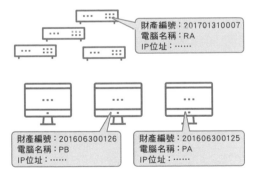

Point

✐ IT 資產的管理除了適當的會計處理外，合規管理、資安防護的要求也很
　繁雜。
✐ 電腦、伺服器需要管理軟體與其他資訊，但利用雲端後可省去這些麻煩。

≫ 實務上出現的變化

客戶端的虛擬化

　　雲端服務對應多樣的通訊手段，顧客企業簽約後，**從業人員也可從行動裝置連線。**這種便利性也是多虧虛擬化技術才得以實現。

　　具有代表性的範例可舉 **VDI**（Virtual Desktop Infrastructure：**虛擬桌面基礎架構**）。

　　如圖 3-15 所示，VDI 是在伺服器中生成虛擬的客戶端機器，各客戶呼叫自己的虛擬機器來使用。有些人需要大容量處理，有些人則不需要，這些可在虛擬化中妥善安排。

　　雲端上的 VDI 服務有時也稱為 DaaS（Desktop as a Service）。

　　當然，伺服器端與客戶端都得安裝虛擬桌面用的軟體。

遠端存取的實踐

　　使用虛擬桌面環境，除了由公司內部的電腦外，也可由公司外部的其他裝置存取呼叫，隨時隨地使用自己的虛擬機器。透過這樣的基礎環境，也能夠實現遠端存取的**工作型態改革**。當然，外部連線需要實裝相應的資安對策，但這部分也是由雲端業者提供。

　　筆者也有使用如圖 3-16 的 VDI 服務環境，除了事務所外，在出差地、自家住宅也能夠處理工作，非常方便。

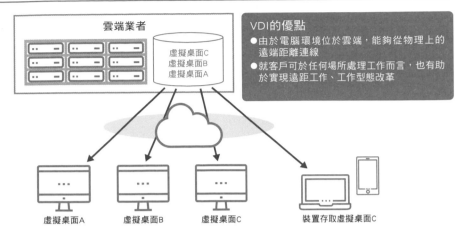

圖 3-15　　VDI 的概要

雲端業者

虛擬桌面C
虛擬桌面B
虛擬桌面A

VDI的優點
●由於電腦環境位於雲端，能夠從物理上的遠端距離連線
●就客戶可於任何場所處理工作而言，也有助於實現遠距工作、工作型態改革

虛擬桌面A　　　虛擬桌面B　　　虛擬桌面C　　　裝置存取虛擬桌面C

VDI是在伺服器上虛擬化電腦，再由實體電腦呼叫顯示的機制

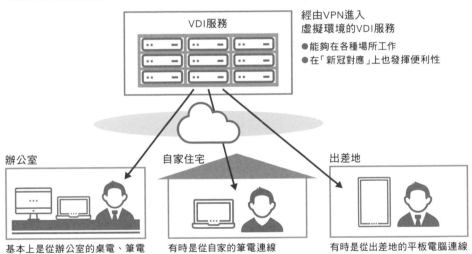

圖 3-16　　VDI 實現的遠距存取、工作型態改革

VDI服務

經由VPN進入
虛擬環境的VDI服務
●能夠在各種場所工作
●在「新冠對應」上也發揮便利性

辦公室　　　　　　　自家住宅　　　　　　　出差地

基本上是從辦公室的桌電、筆電連線　　有時是從自家的筆電連線　　有時是從出差地的平板電腦連線

Point

✎雲端服務也有客戶端虛擬化。

✎客戶端虛擬化能夠實現遠端連線，也有助於工作型態改革。

» 系統相關作業上出現的變化

雲端省略的程序

藉由雲端服務的利用，自家公司不需要購買伺服器。不需要購買的話，**也就能夠省去設置、設置後的設定作業。**

若是就地部署，需要❶設計伺服器、儲存器等的配置、❷安排導入與設置，完成❸環境建構、各種設定與運行確認後，還得❹安裝應用程式（圖 3-17）。

利用雲端後能夠省略❷、❸的程序，其中又以❸的作業最為辛苦、耗費時間，能夠省去這些麻煩是非常大的優點。

另外，❶的程序也非從零運算設計，而是以選擇的方式完成，即便發生配置、評估錯誤也可立即修正，變得相當輕鬆。能夠容許這些錯誤，是非常厲害的事情。

熟習雲端的人才炙手可熱

若是企業組織選擇就地部署的系統，由於每台伺服器大部分要價 100 萬日圓左右，所以伺服器配置等規模龐大的系統評估，在過去是不容許出現差錯。

根據系統規模的不同，光伺服器等硬體就有可能花費好幾千萬日圓，甚至超過 1 億日圓，不容許錯誤也是理所當然的。因此，除了設計開發應用程式的工程師外，有些系統還需要伺服器、網路等的專門負責人，從完善的配置設計、評估到❹的程序，需要耗費眾多的時間與人才。

若是利用雲端，即便評估、配置發生錯誤也容易變更，不安排專門負責人員也有辦法處理。

另一方面，在雲端服務多樣化的現代，需要熟習各家雲端業者的服務，或者能夠做比較的人才與能力。相對於系統整合人員，這樣的人才稱為**雲端整合人員（Cloud Integrator）**。

圖 3-17 雲端在系統相關作業上的優異性

在就地部署系統建構伺服器需要處理的作業

| ❶ 配置設計 | ❷ 導入與設置 | ❸ 建構環境 | ❹ 安裝應用程式 |

在雲端上用戶、企業需要處理的作業

配置設計　❷的設備調度與設置，會隨台數愈多愈麻煩　❸的設備設定、軟體整合等各種設定，對老手工程師來說也是麻煩的作業　安裝應用程式

└─── 省去這部分的麻煩作業

圖 3-18 系統整合人員與雲端整合人員

就地部署的開發體制　　　　　　　雲端上的開發體制

開發應用程式的工程師

開發應用程式的工程師

伺服器相關的專業工程師

網路相關的專業工程師

不安排伺服器、網路相關的專業工程師，由應用程式工程師兼任

● 伺服器、網路工程師們熟悉各家產品
● 專門處理複雜系統配置的人才、企業，稱為系統整合人員（SIer）

● 雲端的工程師們需要清楚瞭解各家服務
● 專門處理多樣雲端服務的人才、企業，稱為雲端整合人員

Point

✎雲端可省去硬體設置、環境建構等麻煩作業。

✎企業需要能夠對應各種雲端服務的雲端整合人員。

≫ 大幅縮減的系統學習

過去的系統學習

上一節解說了在積極利用雲端的企業組織中，即便不安排熟習伺服器、網路設備的工程師，也有辦法處理對應。

過往參與系統開發的工程師們，是透過實體設備的操作；書籍、網站的自我學習；設備、軟體廠商提供的資訊；實務經驗等各種學習與經驗，累積相關的知識技術（圖 3-19）。由於伺服器、網路等各項都需要深入瞭解，所以將重心放在自己擅長的技術，同時也要盡可能廣泛地涉略其他領域。

有關特定的設備、軟體產品，多數工程師持有證明具備專業知識的**認證**。他們主要是藉由實體設備的操作、實際業務，增長自身的見識。

雲端時代的系統學習

然而，轉換到雲端環境後，設備方面可直接利用已經實裝的必備軟體，即便沒有艱深的伺服器、網路設備等知識，也有辦法處理對應。由於雲端中主要的 IT 設備、軟體是配套成對，將「雲端」**理解成大型單元就足夠了**。

然而，另一方面，如 **2-13** 所述，若目標是成為雲端工程師，則需要深入理解各家雲端業者的服務、用語，各項服務也有不同的認證制度。

圖 3-20 整理了過去的雲端學習與雲端時代的雲端學習。若以雲端原生的思維為基礎，理想情況是在網路環境中完成學習。換言之，正確的做法是採取最低必要限度的學習時間。

圖 3-19　過去的系統學習

實體設備的操作

透過書籍學習

透過網頁學習

廠商提供的資訊

系統開發的實務經驗

XX
認證

各項設備、軟體的認證

伺服器、網路等的各項設備、軟體、技術，都需要如上累積學習與經驗

圖 3-20　過去與雲端時代的學習

【過去的雲端學習】

雲端
的機制

透過如本書
的入門書籍學習

尋找機會
接觸實際的服務

OpenStack、AWS、Azure
等的入門書或者專業書籍

利用各項服務、
開發系統

【雲端時代的雲端學習】
（在網路環境中完成）

雲端
的機制

透過網頁的學習
（包含下載書籍）

藉由反覆試錯的方式，
在網頁上確認服務利用、
系統開發上不清楚的地方

Point

✎過往需要學習各項設備、軟體，但雲端上僅需理解提供的環境。

✎在雲端時代裡，重要的是接觸、開發等的實際操作，不懂的地方可透過
網路等尋找答案。

≫ 雲端所需的費用

收費方式

説到雲端所需的費用，容易聯想到按使用程度的計量收費制，但也存在其他的收費方式。如圖 3-21 所示，收費方式主要有下述三種：

● 計量制／ On-Demand
按照伺服器的用量、使用時間來收費。依雲端業者的服務，採取每秒計費、每分計費等方式。

● 固定制／ Reserved
以一定期間固定金額來收費。資料中心等的伺服器、儲存器租賃採取此類型，現在也存在這種收費方式。

● 拍賣制／ Auction
由亞馬遜等極小部分的業者開始提供，以拍賣的形式投標未使用的虛擬伺服器，是可用低於一般價格利用雲端的類型。

收費類型依用途決定

以計量收費為中心分為三種類型，與其盲目地從中選擇一個，不如思考**想要怎麼利用**，答案自然就會浮現出來。

舉例來說，若臨時舉辦網頁宣傳活動，僅偶爾使用資料分析的話，就適合採用計量收費。若是平常穩定使用的業務系統，採用固定制事前取得預算，會比較適合企業活動（圖 3-22）。

然而，這兩種思維本身可能稍嫌過時了。就連拍賣制都已經存在多時，今後可能出現以更低價格、限定使用零碎時間的形式也說不定。

圖3-21 計量制、固定制、拍賣制

計量制

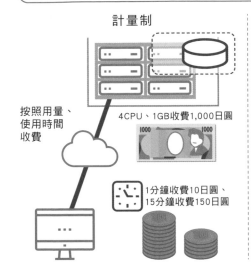

按照用量、
使用時間
收費

4CPU、1GB收費1,000日圓

1分鐘收費10日圓、
15分鐘收費150日圓

固定制

月費10,000日圓
（安心穩定地使用）

拍賣制

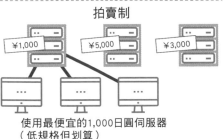

¥1,000　¥5,000　¥3,000

使用最便宜的1,000日圓伺服器
（低規格但划算）

圖3-22 依用途決定～計量制的優點～

臨時舉辦網路宣傳活動
⇒若是短期利用的話，
根據用量的計費制比較划算

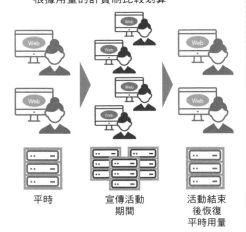

平時　　宣傳活動　　活動結束
　　　　期間　　　　後恢復
　　　　　　　　　　平時用量

每個月1、2次大量的資料分析
⇒若使用頻率不高的話，
根據用量的計費制比較划算

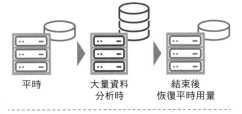

平時　　大量資料　　結束後
　　　　分析時　　　恢復平時用量

穩定利用的業務系統
⇒固定制

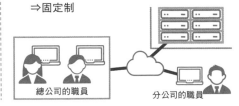

總公司的職員　　　　分公司的職員

Point

✔雲端的收費方式主要有計量制、固定制、拍賣制。

✔採用什麼樣的收費方式，基本上是根據用途來決定。

》 雲端所需的長期費用

整體費用降低

從第 1 章開始，說明了利用雲端後，IT 設備與相關設備是由業者提供，不需要自己持有。

能夠削減的**總體成本**如下（圖 3-23）：

- **運行人事費用**

  參與運行的人事費用。

- **IT 設備費用**

  省去硬體設備後，也就不需要安裝軟體的費用。

- **電力費用**

  不需要 IT 設備、空調設備的電費等。

- **空間費用**

  利用設置於雲端資料中心的設備，所以不需要放置空間。尤其正在租賃建築物、空間的企業組織，削減的效果非常顯著。

- **設備維護管理費用**

  由於撤掉設備本身，省去保養等管理費。

- **設備強化費用、災害對策強化費用**

  設備的強化、地震與洪水的對策等，近年呼籲採取各種災害對策，但這些也能夠省去。

系統開發人員的調整

如果你的公司本來就是進行系統開發的企業組織，可以像圖 3-24 那樣將原本的系統工程師、程式設計師調派至其他的新系統開發，或者是從人事成本的角度檢視，重新盤點人力需求。

圖 3-23　自家公司運行的成本與長期利用雲端的成本

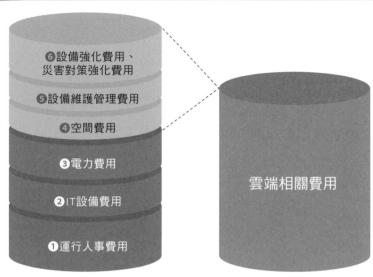

相關費用通常滿足下述的式子：

❶ ＋ ❷ ＋ ❸ ＜雲端相關費用＜ ❶ ＋ ❷ ＋ ❸ ＋ ❹ ＋ ❺ ＋ ❻

圖 3-24　系統開發人員的調整

將開發人員調派至其他系統
（從就地部署的系統調派新的系統）

專案經理

SE（系統工程師）

程式設計師

新系統

系統企劃會議

Point

✎轉為利用雲端後，長期下來能夠縮減成本。

✎導入雲端服務也會帶來重新盤點人力需求的議題。

》最新技術的利用

大數據分析

　　雲端服務的其中一項特色是能夠利用最新技術，例如大數據、AI、IoT 等技術，但這些也可直接當作服務來使用。

　　大數據是指在 TB 以上的大容量，結構化與未結構化的資料隨著時間增長的數據，分析時會使用 **Hadoop**、後繼的 Apache Spark 等。Hadoop 的概要如圖 3-25 所示。若是自行建構環境，需要數週的作業時間，而且得開發獨自的運算邏輯程式，但我們可省去這些麻煩，簽約服務後就能將目標資料置於特定的場所來分析。

AI 與 IoT

　　在 AI 當中，**Machine Learning**（機器學習）已經能夠利用各家研究與實際成果。如圖 3-26 所示，在各家提供的定義畫面上加入模組與邏輯，上傳整合機器學習資料的 CSV 檔案等來執行。

　　與自行使用 Python、C＋＋等程式語言，或者 TensorFlow 等 AI 開發輔助工具建構獨自的 AI 系統相比，利用雲端可大幅縮短完成的時間。

　　另外，最近的 IoT 平台也添加其他服務，能夠保存、分析 IoT 裝置上傳的數據。

　　IoT 裝置收集的數據與伺服器端的分析存在某種固定的形式，已經有業者提供遵從該形式的系統。

　　如同上述，雲端服務能夠相對容易地使用最新技術，**服務的模板化可大幅度節省時間與工程**。

圖3-25　Hadoop 的概要

Hadoop 的特徵

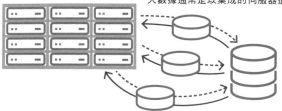

大數據通常是以集成的伺服器進行處理

> Hadoop 具有將檔案分散至各伺服器處理（實線箭頭），與將處理好的數據再彙整成一個檔案（虛線箭頭）等特色

以柑橘農家的效率化來說明 Hadoop：
過往由母親獨自將收穫的柑橘篩選成 S、M、L 與瑕疵品，
現在改由 Hadoop 三姐妹同時進行。

獨自篩選成 S、M、L 與瑕疵品，
改由三人同時進行會快上許多

長女　　次女　　三女

> 由事前區別柑橘的 HDFS（Hadoop Distributed File System）與篩選統計的 MapReduce 所構成

- Hadoop 的後繼者有 Apache Spark
- Hadoop 主要是由硬體輸出入數據；Apache Spark 除了硬體外，還會存放至記憶體來提升輸出入的效率

圖3-26　在雲端上使用機器學習的範例

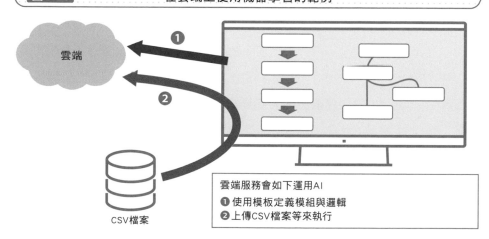

CSV 檔案

> 雲端服務會如下運用AI
> ❶ 使用模板定義模組與邏輯
> ❷ 上傳CSV檔案等來執行

Point

✎ 大數據環境已經建構完成，用戶能夠立即使用。

✎ 各家業者提供的 AI、物聯網服務不盡相同，不過都已經模板化，還是比自己從頭開始打造來得快速方便。

≫ 虛擬事務所的實現

機箱租賃與機房租賃

講述到這邊，雲端業者的服務可能會被認為是，可利用伺服器、儲存器（IaaS），包含開發環境（PaaS）或者能夠使用應用程式（SaaS）等附帶 IT 設備的服務。的確，雲端是使用伺服器等「機箱」與機箱內容的服務，但也有租賃整個「機房」來存放眾多機箱的服務。**在公有雲上實現私有雲的服務**，稱為 **VPC**（Virtual Private Cloud；圖 3-27）。

自家公司的資料中心是實體存在的事務所，而以 VPC 實現的私有雲資料中心是虛擬事務所。在金融業界等，會將純網路交易的店鋪、網站取名為○○銀行線上窗口（分店）等，真的就是在網路上展開的事務所。

連線至虛擬網路

在 VPC 當中，雲端業者資料中心內建構的虛擬網路，與自家公司的網路是以 VPN、專用線路等（參照 **5-2**）來連線。由於 VPC 內的虛擬伺服器、網路設備能夠指派私人的 IP 位址，所以**連線方式可如同自家公司據點間指定伺服器等的 IP 位址來存取**（圖 3-28）。

將帶有 VPN 功能的網路設備等，當作閘道器（gateway）加密通訊，但這類通訊的設定步驟、方式，會因雲端業者而異。

雖然有計畫要建構私有雲，但想先由小規模或者功能限定的雲端切入，建議可從 VPC 開始嘗試。

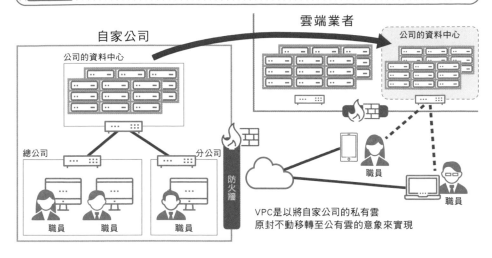

圖 3-27 ··· **VPC 的實現**

雲端業者

自家公司

公司的資料中心

公司的資料中心

總公司　　　　　　　　分公司

職員　　職員　　　　　職員

防火牆

職員

職員

VPC是以將自家公司的私有雲
原封不動移轉至公有雲的意象來實現

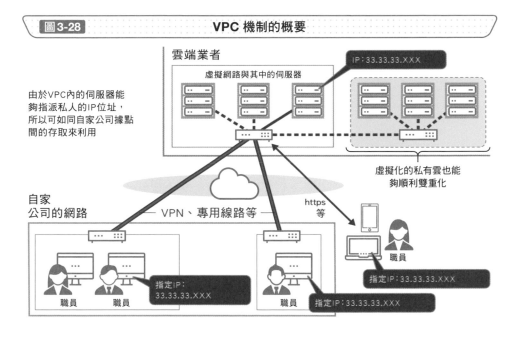

圖 3-28 ··· **VPC 機制的概要**

雲端業者

IP：33.33.33.XXX

虛擬網路與其中的伺服器

由於VPC內的伺服器能
夠指派私人的IP位址，
所以可以如同自家公司據點
間的存取來利用

虛擬化的私有雲也能
夠順利雙重化

自家
公司的網路

VPN、專用線路等

https
等

職員

指定IP：33.33.33.XXX

職員　　職員

指定IP：
33.33.33.XXX

職員

指定IP：33.33.33.XXX

Point

∥透過 VPC 可在公有雲上實現私有雲。

∥能夠以如同存取自家公司據點內伺服器的形式連線。

常見系統的雲端化～優點與課題～

到第 2 章為止，我們已經可以從插圖和説明中檢視了系統配置，從插圖中可以看出實體轉移到雲端的部分，所以在此檢討其優點與課題。分別從伺服器、網路、電腦等元件的配置來做檢視，會更容易理解，以下將以簡單的圖示搭配表格做分析。

檔案伺服器的範例

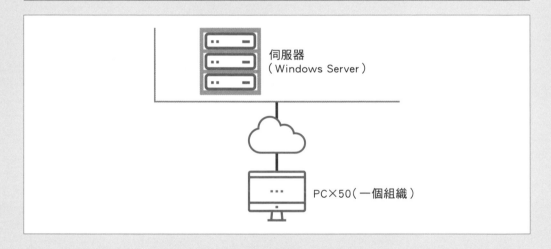

伺服器
（Windows Server）

PC×50（一個組織）

優點、課題等

配置要素	是否雲端化	優點／課題
伺服器	○	實現上沒有什麼問題
網路	（○）	需要VPN等線路
電腦	直接就地部署	能夠採取傳統的運行方式嗎？
圖中需要注意的重點	僅是將網路設備移轉至雲端上	

列印伺服器的範例

系統配置

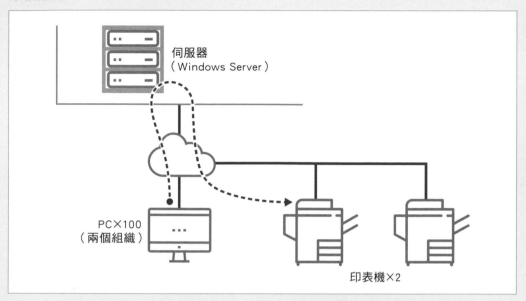

伺服器
（Windows Server）

PC×100
（兩個組織）

印表機×2

優點、課題等

配置要素	是否雲端化	優點／課題
伺服器	○	實現上沒有什麼問題
網路	（○）	需要VPN等線路
電腦	直接就地部署	能否採取傳統的運行方式嗎？
列印機	直接就地部署	能否採取傳統的運行方式嗎？
圖中需要注意的重點	與就地部署時相比，印刷資料是由外部傳至內部的網路，所以需要確認回應性	

在列印伺服器的範例中，由於印刷資料是如插圖箭頭來傳送，可知需要確認能否採取傳統的運行方式。

另外，遇到這種情況，建議也要由下述的觀點來檢討。

● 其一：由公司內部電腦連線至外部列印伺服器，傳送印刷資料後，再由公司外部列印伺服器連線至內部列印機，執行列印作業。能夠接受效率本身無法提高嗎？

● 其二：如同公司外部列印伺服器連線到內部列印機，通訊是由公司外部進到內部，資安防護上能否容許？

就其一的觀點而言，若公司有訂定系統全面雲端化的方針，直接遵從該方針即可；而其二的觀點是資安防護的課題，需要檢討與其他系統的關聯等。

這些注意事項可透過繪製插圖、配置圖，視覺化看出哪個配置要素轉至雲端、哪邊保留在內部網路。

效率化方面也有免費嘗試的服務，不妨實際測試看看。

另外，如範例結合檔案伺服器與列印伺服器來雲端化時，建議也要檢討 **3-8** 解說的 VDI。

若採用 VDI，如圖 3-15 所示，電腦與伺服器皆配置於雲端上。

電腦與伺服器間的資料傳輸變得更為順暢，資安防護方面也比前面的範例來得安全。

建構雲端的技術

～雲端是這樣發揮功能～

》支援雲端的技術①
～資料中心～

資料中心支援的雲端商務

資料中心自 1990 年代普及開來，如今已成為支援雲端的基礎設施。由於有效率地設置運行大量的伺服器、網路設備，**整個資料中心逐漸被普遍認識為建築物、設施**，形成多數業者容易跨足雲端商務的環境。

資料中心的特徵

由主要的建構公司、IT 供應商成立的日本資料中心協會（JDCC：Japan Data Center Council），將資料中心定義為整合分散的 IT 設備，為了有效率地運行而作成的專用設施，指特化為設置運行網路用伺服器、資料通訊，或者固定、行動、IP 電話等裝置的建築物總稱。

換言之，資料中心是一座特別設計的建築，除了擁有設置 IT 資產的專業設施之外，還具備以下的特色：

- **強大的防災條件**
  - 好條件的位址（地盤、標高）
  - **耐震結構**、避震結構、耐燃建屋結構
  - 自家發電設備、落雷對策
- **完善的網路設備**
  可以連接許多網路
- **嚴格的資安防護**
  嚴格的**進出管理**、設備管理（圖 4-2）

JDCC 等也根據主要項目訂定相關基準，資料中心的共通認識擴展了雲端商務的範圍。

圖4-1 　　　　　　　　　　資料中心的建築物特徵

落雷對策

耐震、避震、耐燃建屋

海拔 30m

堅固的地盤與標高

雙重化的大型電源裝置（具有自家發電設備）

小知識：落雷對策的避雷設備
- 落雷對策是根據 JIS A4201 訂定
- 保護等級分為 I～IV，I 是核電廠、化學工廠等的等級，資料中心通常是配置 I 或者 II（醫院、工廠、大型銀行等的等級）的避雷設備

正式用電信回線 1	伺服器室	備援用電信回線 1
MDF室		MDF室
正式用電信回線 2	管制室	備援用電信回線 2

實體的複數網路導管

圖4-2 　　　　　　　　　　嚴格的進出管理

資料中心嚴防共同進入的對策

一般辦公室即便擁有 IC 卡進出設備，也難以防止尾隨其後的「共同進入」
⇒ 換言之，可疑人士也有辦法進入

資料中心嚴防共同進入的對策

單人艙式移動
（一次僅進入一人的單人艙）

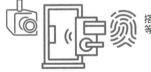

搭配 IC 卡、攝影機、生物辨識等認證手段同時並用

許多國外的資料中心，必須在接待櫃檯寄託個人證明文件（護照、駕照等）才能夠進入

此外，有些資料中心的伺服器機架設置了特殊裝置、生物辨識進行開關

Point

✎雲端服務由資料中心提供，資料中心已經漸漸地被視為一種建築設施。

✎資料中心有強大的防災條件、完善的網路設備、嚴格的資安防護等特色。

≫ 支援雲端的技術②
～伺服器的整合～

伺服器的小型化

在前面曾經提到資料中心從 90 年代就已經開始發展。宛若與此呼應般，邁入 2000 年代後，伺服器一口氣朝向小型化邁進。過去的伺服器是塔式伺服器，然後出現容易搭載於機架的形狀，稍微小型化的機架式伺服器後，接著又出現可進一步集成的高密度伺服器。資料中心、大型企業的資訊系統中心，也逐漸導入**小型且容易整合的伺服器**。當想要有效率地設置大量伺服器時，就會聯想到導入機架式或者高密度伺服器（圖 4-3）。

小型化產生的效果

在資料中心的建築物、設備逐漸標準化後，進一步利用小型化的伺服器，除了每單位面積能夠大量設置外，小型化還有如下的優點：

- 大量購入伺服器可壓低成本
- 電力消耗量減少
- 容易進行維護作業（小型化、同樣的形狀）
- 因為體積較小，容易準備預備品（→故障時可替換成新品）

換言之，小型化符合向多數用戶低價提供服務的各項要件。即便是持有大量伺服器的大型企業，僅針對 1 家提供服務會有導入時期的問題，優點也難以顯現出來，但若是向多數用戶大量配置，確實會產生上述的優勢。

順便一提，現在已經進入用壞即丟的時代，資料中心的伺服器發生故障時，不是進行維護、替換零件而是直接交換新品（圖 4-4）。

圖4-3 為了設置大量的伺服器

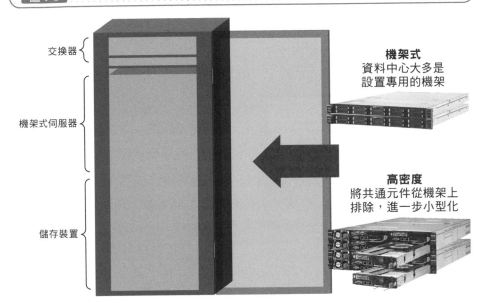

交換器

機架式伺服器

儲存裝置

機架式
資料中心大多是
設置專用的機架

高密度
將共通元件從機架上
排除，進一步小型化

圖4-4 從維護修理進入直接交換新品的時代

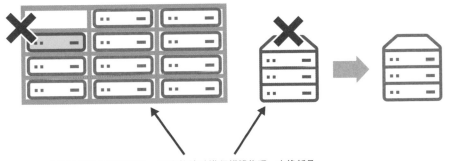

● 企業組織簽訂保養契約，發生故障時進行維護修理、交換新品
● 資料中心持有預備的伺服器，現在以直接交換新品為主流
● 比起維修、查明故障原因所花費的時間精力，交換新品更為簡單
● 另外，伺服器本身並不容易損壞

Point

🖎 資料中心的主流是使用機架式、高密度等小型化伺服器。

🖎 伺服器的小型化是實現低價雲端服務不可欠缺的要素。

≫ 支援雲端的技術③
～虛擬化技術～

虛擬化技術的概要

如同多數用戶共享虛擬伺服器，虛擬化技術逐漸成為雲端的基礎。以伺服器的虛擬化為例，可舉出如下的優點（圖 4-5）：

- 展現設置場所、電力消耗等物理上的優異性
- 有效率活用伺服器本身
- 虛擬化後的伺服器相對容易複製、移轉至其他伺服器，也有助於實施故障、防災對策

透過雲端服務，能夠更有效率地實現上述的優勢。

虛擬化軟體的角色

知名的虛擬化軟體有 **VMWare**、Hyper-V、開源軟體的 Xen、**KVM** 等。

對實體伺服器指派虛擬（邏輯）伺服器。在虛擬化軟體上，如圖 4-6 所示，虛擬伺服器的觀看方式相當簡單。圖 4-6 是一台實體伺服器指派給複數台虛擬伺服器的範例。

在雲端上，多數的實體伺服器上都有許多的虛擬伺服器，服務著為數眾多的用戶，屬於一種多對多（大規模）的關係。

除了伺服器虛擬化之外，雲端系統還使用了許多的虛擬化技術，包括儲存虛擬化、網路虛擬化、客戶端虛擬化等等。如果要簡單的歸納這些虛擬化技術，可以將網路相關的部分歸在一組，使用者的部分歸在一組。重點就是要能夠在不受硬體限制的情況下完成你想要做的事情。

圖4-5　　　　　　　　虛擬化伺服器的優點

物理上的優異性

僅實體伺服器

搭配實體伺服器與
虛擬伺服器

實體伺服器需要9台，但若
搭配虛擬伺服器提升效率，
實體可以減少為6台
→ 減少設置場所、電力消耗

有效率地運用

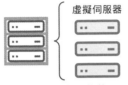

虛擬伺服器

一台實體伺服器裝入複數
虛擬伺服器，能夠有效率
地完整使用

容易複製、移動

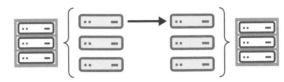

透過虛擬化轉為軟體的伺服器，
相對容易複製、移動

圖4-6　　　　　　　　虛擬伺服器的觀看方式

Hyper-V管理的畫面範例

一台實體伺服器設定了business process A、B、Hadoop #0 ～ #3等6台虛擬伺服器

Point

✐ 正因為有虛擬化技術，才得以實現雲端服務。

✐ 在雲端服務中，伺服器、儲存器、網路等系統元件都使用了虛擬化技術。

第
4
章

支援雲端的技術③ 〜 虛擬化技術〜

≫ 虛擬化技術方便的理由

實現虛擬化獲得大量用戶

若能夠實現虛擬化，一台實機就能安裝許多伺服器，處理效率、經濟效益都可以獲得提升。

就雲端業者的立場而言，最大的優點是，不需將特定的伺服器固定為某用戶的伺服器，能夠自由地改變實體伺服器與用戶虛擬伺服器的定位（圖 4-7）。由於能夠結合未使用的實體與虛擬伺服器，提供客戶要求的性能、容量，商務上的效率大幅度提升。正因為有虛擬化技術，**才得以實現處理大量用戶的雲端服務。**

另外，雖然虛擬化技術帶來了各種便利性，但也存在**一台實體伺服器單純地指派給複數台虛擬伺服器會降低性能表現**的缺點。當然，這十多年來人們已經採用了各種對策解決該課題。

提升性能的對策

最單純的對策是提高實體伺服器的規格，但考量到原本的成本優勢，難以選擇這種做法吧。

既然虛擬伺服器也是伺服器的一種，就會有 CPU、記憶體、磁碟與網路設備以及裡面運行的應用程式。

在這個前提上，可想到如圖 4-8 的三種對策：

- 如何開發在虛擬環境中運行的應用程式？
- 磨練各個區塊的虛擬化技術
- 提升整體的性能

下一節開始會由技術上的視點整理上述的對策。

圖 4-7　靈活且有效率地設定虛擬伺服器

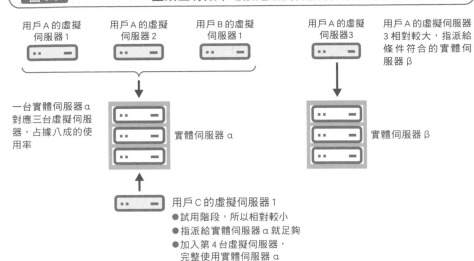

用戶 A 的虛擬伺服器 1　用戶 A 的虛擬伺服器 2　用戶 B 的虛擬伺服器 1

用戶 A 的虛擬伺服器 3　用戶 A 的虛擬伺服器 3 相對較大，指派給條件符合的實體伺服器 β

一台實體伺服器 α 對應三台虛擬伺服器，占據八成的使用率

實體伺服器 α

實體伺服器 β

用戶 C 的虛擬伺服器 1
- 試用階段，所以相對較小
- 指派給實體伺服器 α 就足夠
- 加入第 4 台虛擬伺服器，完整使用實體伺服器 α

圖 4-8　提升性能的對策

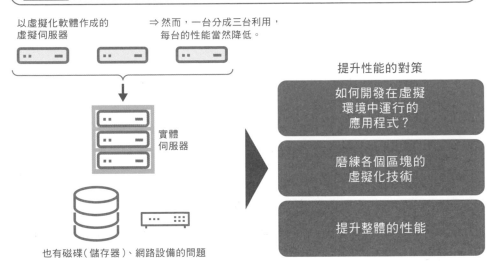

以虛擬化軟體作成的虛擬伺服器

⇒ 然而，一台分成三台利用，每台的性能當然降低。

實體伺服器

提升性能的對策

如何開發在虛擬環境中運行的應用程式？

磨練各個區塊的虛擬化技術

提升整體的性能

也有磁碟（儲存器）、網路設備的問題

Point

- 透過虛擬化可有效率地管理大量用戶，所以有辦法對應多數用戶。
- 將實體伺服器單純地指派給虛擬伺服器會降低性能表現。

虛擬化技術①
～ Hypervisor 型態～

Hypervisor 型態

　　VMWare vSphere Hypervisor、Hyper-V、Xen、Linux 的功能之一 KVM，在虛擬化軟體中被稱為 **Hypervisor 型態**，是**引領現今虛擬化場景的產品**。

　　Hyper-V 是微軟提供的虛擬化軟體，可在相對較新的 Windows 作業系統勾選使用。Hyper-V 能夠免費立即使用，或許也是虛擬技術廣泛滲透的理由之一。

　　Hypervisor 型態是目前虛擬化軟體的主流，但作為實體伺服器上的虛擬化軟體，尚需搭載 Linux、Windows 等的**客機作業系統（Guest OS）**來運行。由於客機作業系統與應用程式所構成的虛擬伺服器（虛擬機器），運行上不受**主機作業系統（Host OS）**的影響，所以能夠有效率地運行虛擬伺服器。以前也有 Host OS 型態的虛擬化技術（圖 4-9）。

尋求更好的開發環境

　　雖然虛擬化技術已經透過各種軟體產品普及開來，但軟體的開發人員總是想要利用具備優質高性能伺服器、網路設備的開發環境。

　　然而，在 Hyper-V 虛擬環境開發的系統無法移轉至 VMWare 的環境，反之亦然，需要在移動目的地的伺服器建構同樣的虛擬環境（圖 4-10）。

　　雖然前面說過在虛擬環境下容易移轉系統，但其前提是作為基礎的虛擬化軟體、作業系統相同。另外，過去也曾遇到虛擬機器本身容量龐大的問題，但該問題過沒有多久就獲得解決。

圖 4-9　**Hypervisor 型態與 Host OS 型態**

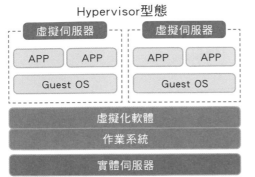

Hypervisor型態

- 作業系統與虛擬化軟體幾乎融為一體，可提供完整的虛擬環境
- 故障發生時，難以區別是虛擬化軟體還是作業系統出問題
- 大多為相對較新的系統採用

Host OS型態

- 從虛擬伺服器存取實體伺服器時是經由主機作業系統，容易發生速度降低的情況
- 故障發生時，比Hypervisor容易區別問題原因
- 在傳統的任務導向系統具有堅實的人氣

圖 4-10　**虛擬伺服器的移轉問題**

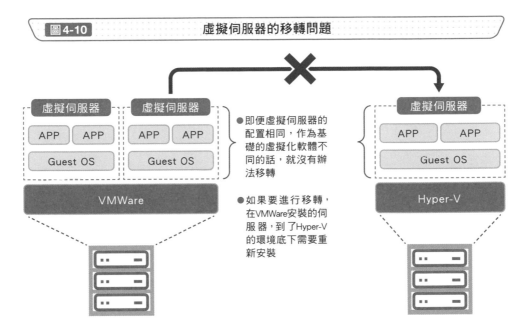

- 即便虛擬伺服器的配置相同，作為基礎的虛擬化軟體不同的話，就沒有辦法移轉
- 如果要進行移轉，在VMWare安裝的伺服器，到了Hyper-V的環境底下需要重新安裝

Point

- Hypervisor 是現今虛擬化技術的主流。
- 雖然說虛擬機器容易複製、移轉，但這是在滿足前提條件下的情況。

虛擬化技術②
～容器型態～

實現高速處理

　　容器型態將會是今後的虛擬化技術主流。過去的虛擬化軟體是，在虛擬機器上啟動客機作業系統，再呼叫應用程式運行，此過程需要複雜的處理。

　　在容器型態的配置中，客機作業系統可藉由共用主機作業系統的核心功能達成輕量化。容器內的客機作業系統僅含有最低限度的函式庫，能夠實現減輕 CPU、記憶體負擔的高速處理（圖 4-11）。

輕量化是其特徵

　　容器型態能夠順暢地啟動應用程式、改善資源的使用效率，但優點不僅止如此。容器型態有時也被稱為**輕量虛擬化的基礎**，能夠輕量化縮小由客機作業系統、應用程式所構成的虛擬機器封包。

　　封包縮小有什麼好處呢？這有助於應用程式系統的移轉。

　　容器的作成是使用名為 **Docker** 的軟體。如圖 4-12 在容器基礎上作成的虛擬機器（容器），能夠以「容器單位」移轉至持有其他容器環境的伺服器（安裝了輕量虛擬化基礎環境 Docker 的客機作業系統）。

　　容器環境本身也相對容易建構。

　　當然，由於跟過去的虛擬環境設計不同，需要具備容器型態的專業知識技術。

圖4-11　　　容器型態的概要

容器型態

小知識：
- 容器化原本是Docker公司提供作為PaaS基礎功能而開發的技術
- 2013年3月登場後大受歡迎，確立了容器管理技術在實務上的地位
- 是以谷歌開發的Go語言所寫成

- 虛擬化軟體（Docker）將單一作業系統分割成名為容器的用戶箱子
- 每個箱子能夠獨自使用實體伺服器的資源
- 容器的客機作業系統可共用主機作業系統的核心功能

圖4-12　　　**Docker** 環境下的移轉

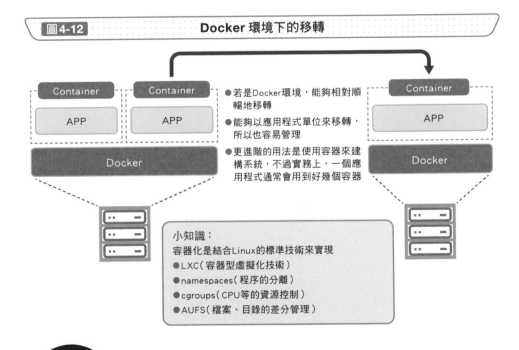

- 若是Docker環境，能夠相對順暢地移轉
- 能夠以應用程式單位來移轉，所以也容易管理
- 更進階的用法是使用容器來建構系統，不過實務上，一個應用程式通常會用到好幾個容器

小知識：
容器化是結合Linux的標準技術來實現
- LXC（容器型虛擬化技術）
- namespaces（程序的分離）
- cgroups（CPU等的資源控制）
- AUFS（檔案、目錄的差分管理）

Point

✐容器型虛擬機器實現了比過往更快速的處理。

✐容器化是以 Docker 作為實行環境。

》 實現多重雲的容器

容器的移動

在上一節中，講述了在容器環境基礎下建構的系統，容易進行輕量化的移轉。另外，若是具有容器環境的伺服器，就能輕鬆尋求移轉至條件良好的伺服器。

多虧容器化的盛行，各家雲端業者已經有專門提供運行容器的環境。容器化原本就是，先進工程師們為了在尋求更佳開發環境而發生問題時能夠迅速替換，或者排斥廠商技術鎖定（Vendor Lock-in）等，從自由不被綁死的構想進化而來的技術。

另外，Docker 原本是以 Linux 為主機作業系統，但後來也有提供 Docker for Windows，使得 Windows Server 上也能夠搭載容器應用程式，對微軟的戰略也產生影響。

容器技術的收斂如同上述，可幫助利用端的開發等迴避廠商的技術鎖定，也有助於**實現多重雲環境**。

複數容器的運行管理

Docker 環境是單一伺服器的環境，但也有人要求以傳輸容器來提升複數伺服器間的處理效率，產生管理不同伺服器之間容器關聯性的**編配**（**Crchestration**）需求（圖 4-13）。

Kubernetes 是可將複數相異伺服器的容器執行環境，宛若視為單一伺服器般管理的開源軟體。

Docker 是複數存在構成管弦樂團的演奏家；Kubernetes 則是站在指揮編曲的立場，發揮支援容器應用程式的功能（圖 4-14）。在當今的虛擬化、雲端場景中，容器化與 Kubernetes 功能成為重要的存在。

圖4-13　容器應用程式的編配

試著以實際的應用程式範例來討論，即便APP存在於不同伺服器，也想要以認證→資料庫→分析→表示的順序運行

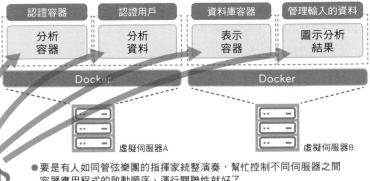

- 要是有人如同管弦樂團的指揮家統整演奏，幫忙控制不同伺服器之間容器應用程式的啟動順序、運行關聯性就好了
- 這樣的控制機制稱為編配

圖4-14　Kubernetes 的功能概要

- Kubernetes控制各個容器的關聯性、運行
- 實體伺服器沒有變動，但虛擬伺服器與容器會為了尋找更好的環境而移轉

不論容器位於什麼地方，都是按1→2→3→4→5→6的順序運行

容器化能夠根據伺服器的性能、負載或者用戶的利用狀況，靈活地變更虛擬伺服器的配置

小知識
- Kubernetes通常簡寫為「k8s」
- "=「k"＋8文字（ubernete）＋語尾的"s"

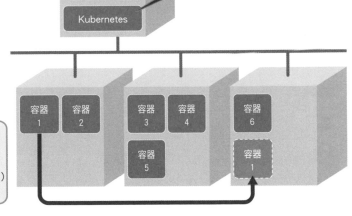

Point

✐ 容器容易輕量化移轉，有助於實現多重雲環境。

✐ 能夠有效率地管理不同伺服器中容器關聯性的技術受到矚目。

» 追求不可變的 IT 基礎架構

容器化盛行的背景

上一節提到開發者尋求更好的開發環境、性能,是容器化普及的背景之一。除此之外,還有企業組織在雲端上追求不可變的 IT 基礎架構。

不可變的 IT 基礎架構稱為 **Immutable Infrastructure**,是相對於過往系統的可變基礎架構。

所謂可變的 IT 基礎架構,是指需要變更建構完成的環境(IT 基礎架構),來維護管理的概念(圖 4-15)。

為了維護系統,軟硬體產品的版本升級等的作業與其伴隨而來的管理,長期下來對企業組織會是一種負擔。

不可變的 IT 基礎架構

雲端登場後,大幅減輕了基礎架構的調度、建構工夫。

當然,這仍舊需要系統環境的設計、配置管理與應用程式的運行等,但在雲端上變成模式選定、常規化運用。

由此可知,在資訊系統上,各企業組織應該重視的是模式化作業以外的事物。當然,這也需要組合模式的知識技術。

具體來説,將資訊系統基礎架構的建構、配置管理等轉為原始碼,透過程式碼的執行促進自動化的思維、手法。這樣的想法稱為 **Infrastructure as Code**(圖 4-16)。近年盛行的 RPA(機器人流程自動化),也算是事務作業的程式碼化。

程式碼是應用程式的重要元素,**將事務作業、IT 基礎架構轉為程式碼**,能夠推進要素的共享化、自動化。

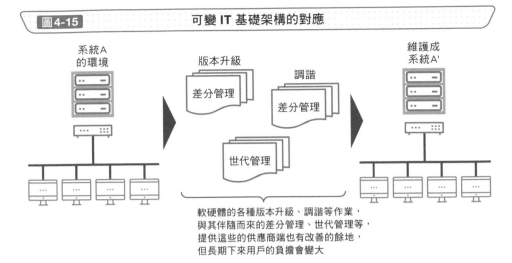

圖 4-15　可變 IT 基礎架構的對應

系統A
的環境

版本升級

差分管理

調諧

差分管理

世代管理

維護成
系統A'

軟硬體的各種版本升級、調諧等作業，
與其伴隨而來的差分管理、世代管理等，
提供這些的供應商端也有改善的餘地，
但長期下來用戶的負擔會變大

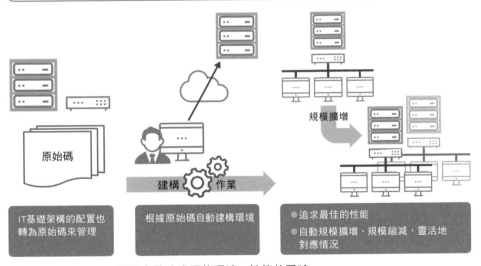

圖 4-16　Infrastructure as Code 的思維

規模擴增

原始碼

建構　作業

IT基礎架構的配置也
轉為原始碼來管理

根據原始碼自動建構環境

● 追求最佳的性能
● 自動規模擴增、規模縮減，靈活地
　對應情況

開發人員追求更佳環境、性能的同時，
也想要靈活地建構IT基礎架構、管理配置

Point

🖋 用戶對可變 IT 基礎架構的對應，長期下來會感受到負擔。

🖋 不只是基礎設施程式碼化，建構、組態管理也有轉為程式碼化的趨勢。

» 開發與維運的協調

開發與維運區分開來的傳統型系統

上一節講解了自動化、程式碼化。就其他觀點來説，還有協調開發與維運的動向。瀏覽雲端業者的網站時，會看到 **DevOps** 這個關鍵字。DevOps 是結合開發（Development）與維運（Operation）的複合詞，指為了縮短軟體開發時程的同時實現高品質的成品，致力於協調開發與維運的意思。

在過去的系統開發中，系統運行後的管理如圖 4-17 所示，**根據系統規模的不同，採取各別運行管理與系統保養或者統合運行管理**。

若用人才來説明，會如圖 4-17 的下方所示。這是以參與企業系統的人才來整理，系統工程師與運行管理人員的職務過往是由不同的人才負責。在雲端環境中，職務內容不斷發生變化。

朝向統合開發與維運

容器化與編配等軟體開發技術，起初就得考量運行後的系統追加與變更。PaaS 等從開發到維運後的運行，都是在系統上進行協調。

換言之，在雲端系統的世界中，DevOps 的概念逐漸成為現實。除了雲端業者支援服務提供的系統開發與運行機制外，業者內部的開發團隊與維運團隊也強調沿循 DevOps，具備宛如單一團隊般的工作方式、技術。

終極目標是統合開發與維運，但在前面階段如圖 4-18 分成，極力減少維運甚至直接自動化，或者順暢地結合開發與維運等兩種思維。

圖 4-17 過往企業系統運行後的管理與參與人才

	兩個管理	內容	備考
系統運行後的管理	①運行管理（系統營運負責人員）	・運行監視 ・性能管理 ・變更對應 ・故障對應	能夠標準作業流程化的業務等
	②系統保養（系統工程師）	・性能管理 ・版本升級、功能增加 ・錯誤對應 ・故障對應	主要是不能標準作業流程化的業務等

● 大規模系統、故障發生時影響甚鉅的系統，可能是分開執行運行管理、系統保養
● 若是小規模系統、部門的封閉系統，通常僅有運行管理

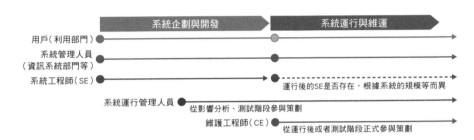

圖 4-18 　雲端上實現 **DevOps** 的示意圖

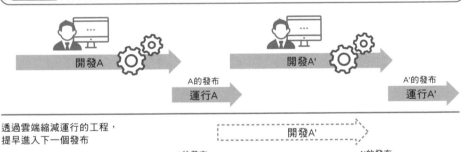

透過雲端縮減運行的工程，
提早進入下一個發布

● 如同A系統開發後根據A的運行狀況來發布A'，正在運行的系統一面追加與變更，一面進行擴張
● 若可縮短或者縮短運行的工程、期間，後續的開發能夠順利進行，也有助於開發與維運的協調
● 實際的DevOps能夠高度協調開發與維運

Point

✎ 在傳統的系統中，開發跟維運是兩件事。

✎ 在雲端中，則是逐漸演變為開發與維運協同運作的機制。

》何謂微服務？

微服務的特徵

2-2 曾經提到容器化與微服務是極具代表性的雲端技術。**微服務整合許多的小型服務以提供大型服務的一種架構**，因此，即使修正個別的小服務，也不會對其他服務造成影響。

具體而言，微服務是透過 **API**（Application Interface）呼叫個別應用程式來使用。

舉例來說，過去的系統不是藉由 API 呼叫個別的應用程式，進行用戶認證、資料輸入與存放、資料分析等，而是以應用程式內的原始碼來定義。因此，變更特定的應用程式時，也得變更其他的應用程式。而微服務是以 API 連結應用程式，即便變更某項程序，其他程序不需要跟著改變（圖 4-20）。

微服務與容器化的效果

將以 API 連結的應用程式掛載至個別的容器後，不但容易變更應用程式，也可輕鬆進行移轉。

若能夠同時活用前面解說的容器化、Kubernetes 與微服務等技術，應用程式就可**尋求當下的最佳環境，移轉至適合自己的虛擬伺服器、實體伺服器**。

整備好容器化、編配以及微服務等的環境後，就有可能穿梭在不同的雲端業者之間。

圖4-19　微服務的思維

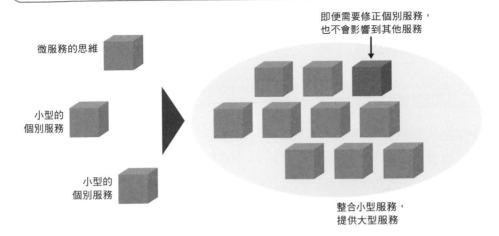

即便需要修正個別服務，
也不會影響到其他服務

微服務的思維

小型的
個別服務

小型的
個別服務

整合小型服務，
提供大型服務

圖4-20　API 連結的便利性範例

〈透過原始碼呼叫的過往系統〉

\x\MainSys\Auth.exe
呼叫\x\MainSys\Auth.exe

ID：
Data1：
Data2：

開啟畫面後，
\x\MainSys\Entry.exe
呼叫\x\MainSys\Entry.exe

若輸入ID、Data1、Data2
的資料形式沒問題，
\x\MainSys\DB.exe
則呼叫\x\MainSys\DB.exe

若是過去的應用程式，僅是變更下一個
呼叫的檔案名稱，也得重新審視前後程
序的原始碼

確認DB.exe中是否存在ID：
2020指派給\x\SubSys的
資料庫，查詢後存放資料

2011、2020、2033

〈透過API連結的微服務〉

Entry.exe

ID：
Data1：
Data2：

呼叫
http://www.shoeisha.
co.jp/DB.exe

DB.exe
＋例：開源軟
體的MySQL等

呼叫
http://www.shoeisha.
co.jp/Analize.exe

Analize.exe
＋例：開源軟體的
Elasticsearch等

例如，透過API定義下一個呼叫的應用程式，
就不需要返回原始碼進行變更

Point

✎ 微服務是指，整合小型服務來提供大型服務的思維。

✎ 微服務與容器化提升了雲端環境的自由度。

≫ 網路的虛擬化①
～ VLAN ～

LAN 的虛擬化

前面解説了伺服器的虛擬化技術，而有效率連結大量伺服器的網路虛擬化技術，也支撐著雲端服務。

VLAN（Virtual LAN：虛擬 LAN）是基礎的技術之一。

VLAN 能夠將單一實體 LAN 分割許多虛擬 LAN。

這與虛擬伺服器的概念接近，在單一實體伺服器中建構許多虛擬伺服器。

以一個常見的使用情況為例來説明。某間企業原本設有人事總務部，一個組織構成一個 LAN。當遇到組織變更，需要拆分成人事部與總務部時，傳統做法是追加網路設備，設置成兩個 LAN；而透過 VLAN 的設定，則不必增設實體設備，直接虛擬作成兩個 LAN（圖 4-21）。

實際的建構是以具有 VLAN 功能的交換器來設定，**在不改變網路設備實體配置的前提下，這是相當便利的技術。**

透過軟體來實現

雖然 VLAN 是實用且便利的技術，但根據規格的不同，會遇到僅能擴增到 4,096 個的課題。

隨著資料中心內的 IT 設備增加，VLAN 擴張的界限會逐漸顯現出來。此外，資料中心本身必須因應激增的需求而擴增，資料中心間的分散配置與相應的高度網路功能、細瑣的功能強化等要求，隨著雲端的資料中心擴增，需要更進一步的新技術（圖 4-22）。

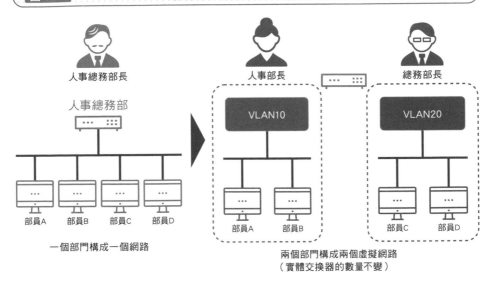

圖4-21 透過 VLAN 分割的虛擬網路

人事總務部長

人事總務部

部員A　部員B　部員C　部員D

一個部門構成一個網路

人事部長　　　　　　　　總務部長

VLAN10　　　　　　　VLAN20

部員A　部員B　　　　部員C　部員D

兩個部門構成兩個虛擬網路
（實體交換器的數量不變）

圖4-22 VLAN 的課題與雲端商務的課題

課題	解決對策

VLAN的
技術性課題

VLAN僅能擴增到
4,096個

VLAN僅能擴增
到4,096個

隨著資料中心本身逐漸擴增，
資料中心間需要分散配置與
相應的高端網路功能

結合VLAN＋SDN
（下一節解說）
等更新的技術

在防火牆方面需要功能
更強大的設定

Point

✍VLAN 是網路虛擬化的代表範例。

✍若不改變實體配置，以 VLAN 分割網路是有效的技術。

≫ 網路的虛擬化②
～ SDN ～

透過軟體實現網路的虛擬化

上一節的 VLAN 是以網路設備為中心的技術，但還有透過軟體實現網路虛擬化的技術。這些技術統稱為 **SDN**（Software-Defined Networking），透過伺服器上的 SDN 軟體來操作網路功能。

Open Network Foundation 推行標準化的 OpenFlow、NFV（Network Functions Virtualization）等，都是可舉出的相關範例。除了以虛擬化基礎實現網路功能外，也有助於結合網路與伺服器的虛擬化。

如圖 4-23 所示，SDN 將網路分成應用程式層、控制層、基礎架構層等三個階層，透過控制層整理來自應用程式層的指示，進而控制整個網路。

SDN 的特徵與優點

SDN 的特徵有下述兩點：

● 分成控制設備與路由的功能、資料傳輸的功能
● 透過軟體集中管理上述的控制功能

控制器統一控制設備與路由、網路設備執行資料傳輸，同時兼具兩者集中管理（圖 4-24 的左圖）。SDN 能夠將整個網路設備統整成一個單位管理，進行各式各樣的應用。例如，分成資料中心內部網路的 SDN，與連結資料中心網路的其他 SDN，有效率地管理（圖 4-24 的右圖）。

2-12 介紹的 OpenStack，能夠結合網路管理的 Neutron 與 SDN。

圖 4-23　　　　　　　　　　　　　　**SDN 的概要**

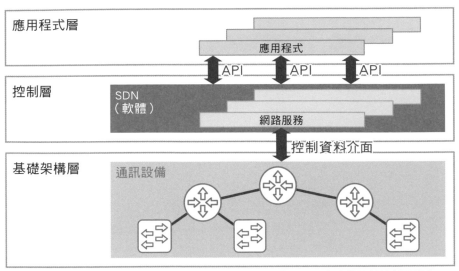

應用程式層

應用程式

API　　API　　API

控制層

SDN
（軟體）

網路服務

控制資料介面

基礎架構層

通訊設備

SDN將網路分成應用程式層、控制層、基礎架構層等階層，實際裝設於控制層當中

圖 4-24　　　　　　　　　　**SDN 的功能與活用範例**

SDN的功能　　　　　　　　　　　　　　SDN的功能

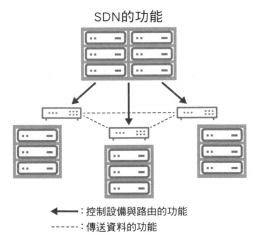

雲端管理軟體

SDN1
（資料中心內部）

SDN2
（與其他中心的連線）

←――：控制設備與路由的功能
------：傳送資料的功能

控制器統一控制設備與路由；
網路設備執行資料傳送

透過多組SDN連線，最佳化資料中心內外連線的範例

Point

🖉SDN 是以軟體實現網路虛擬化的技術。

🖉在不斷擴增的雲端資料中心，SDN 逐漸變成不可欠缺的存在。

>> 網路的虛擬化③
～ Fabric Network ～

面向資料中心的網路虛擬化技術

就有效活用既存網路資產這點而言，VLAN 是相當有效果的技術，但在隨實體伺服器擴增內部虛擬伺服器也大量增加的資料中心、雲端服務環境，未必可說是適當的手段。

隨著伺服器虛擬化、整合化的推進，反覆將複數的伺服器功能器壓進單一伺服器中。如圖 4-25 所示，若通訊環境沒有太大的改變，則資料通訊量會遠多於以往，造成性能衰減。

雖然 SDN 也是有效的手段，但就可簡易實現有彈性的網路環境而言，**Fabric Network**（Ethernet Fabric：乙太網路結構）受到眾人矚目。

Fabric Network 的功能

Fabric Network 藉由加入專用的交換器，**整合複數的交換器當作單一大型交換器來處理。**

複數的網路設備整合為單一設備後，過往一對一的路由可轉為多重對應的路由。各台實體伺服器運行複數的虛擬伺服器後，除了上下方向的網路通訊外，還會增加左右方向的通訊，所以對雲端資料中心而言，能夠順暢對應的 Fabric Network 是重要的存在（圖 4-26）。

將單一分割成複數的 VLAN、經由軟體控制的 SDN，以及將複數整合為單一的 Fabric Network，這些技術也能應用到各種系統與工作上。

圖 4-25　伺服器的整合會增加網路的負擔

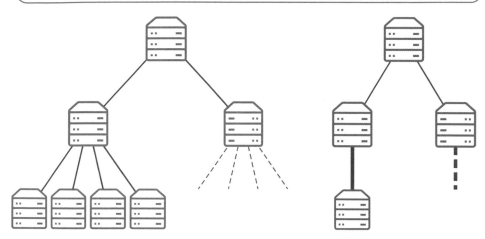

隨著伺服器的整合規模增加，網路的負擔會逐漸增大
※為了方便理解，圖中的LAN線路畫得比較粗，但實際上是相同的粗細

圖 4-26　Fabric Network 的概要

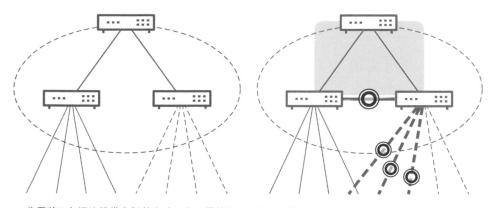

●為了將三台網路設備虛擬整合成一台，尋找包含複數台設備的最佳路由
●◎符號是新產生的路由範例。當然，也需要做好可實體連線的準備

Point

✎Fabric Network 是一種用於資料中心的網路虛擬化技術。

✎Fabric Network 可以將多台交換器視為單一大型交換器來處理。

» 儲存技術①
～資料中心用～

資料中心的儲存器

前面詳細解說了伺服器與網路技術，接著就來說明儲存器的內容。

如 **1-9** 所述，實體配置上有 DAS、SAN、NAS、物件儲存器，資料中心逐漸從過去的 SAN、NAS 轉為活用**物件儲存器**。

為了幫助理解物件儲存器，這一節會整理儲存器資料存放與存取方式。

物件儲存器的特徵

圖 4-27 列出了各種儲存器的特點。

檔案伺服器是以如同目錄的階層構造來管理資料，而檔案儲存器是將資料分成不同檔案管理，例如 **1-9** 的 NAS 儲存器。

區塊儲存器主要是利用 SAN，將資料切割成固定的大小（區塊）來管理，能夠進行高速通訊。

如圖 4-28 所示，物件儲存器不是以檔案或者區塊單位，而是以**物件單位**處理資料。在名為儲存池（Storage Pool）的容器裡作成物件，透過特定 ID 與 Metadata 進行管理。

為了幫助理解，比較物件儲存器與檔案儲存器的不同點，第一個是前者比較容易變更存放場所、橫向延展（Scale-out）。

第二個是前者的協定採取 HTTP，**所以即便是跨資料中心也沒有問題**。這是檔案儲存器、區塊儲存器待解決的課題，而能夠對應處理的物件儲存器，成為備受期待的雲端時代儲存器。

圖4-27 物件、檔案、區塊儲存器的概要

	物件儲存器	檔案儲存器	區塊儲存器
單位	物件	檔案	區塊
協定	HTTP/REST	CIFS、NFS	FC、SCSI
實體介面	乙太網路	乙太網路	光纖通道、乙太網路
適用	大容量資料、更新頻率低的資料	共享檔案	異動資料
特色	可擴張性，可跨資料中心	容易管理	高性能與信賴性

- REST：Representational State Transfer
  物件儲存器採取HTTP通訊協定來操作儲存器

- CIFS：Common Internet File System、NFS：Network File System
  檔案共享服務的協定

圖4-28 物件儲存器的特徵

物件儲存器的特徵

- 不受存放場所的限制
- 稍微寬鬆管理的物件
- 以 Metadata 進行區別，能夠簡單移轉
- 容易變更至其他儲存器

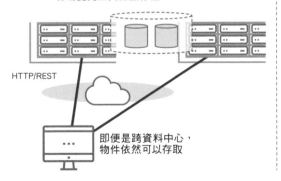

HTTP/REST

即便是跨資料中心，
物件依然可以存取

檔案儲存器

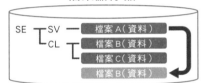

雖然具有整齊的階層構造，但檔案缺乏屬性
資訊（Metadata），所以不容易變更存放場所

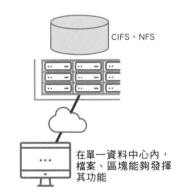

CIFS、NFS

在單一資料中心內，
檔案、區塊能夠發揮
其功能

Point

✐物件儲存器是以物件為基礎擷取資料。

✐物件儲存器可以橫向延展、跨資料中心，適合雲端環境。

» 儲存技術②
～分散式儲存軟體～

雲端時代的大容量儲存器

在各種型態資料不斷增加的雲端時代，儲存器需要滿足下述要件：

- 能夠任意增加容量
- 容易變更伴隨擴張的配置
- 可對應物件、區塊、檔案單位的彈性存取

Ceph 是滿足這些需求的儲存軟體，該名稱取自章魚等頭足綱的 Cephalopod。Ceph 不但可對應上述所有的存取方式，還擁有艾位元組（ExaByte）規模的高可擴縮性。透過演算法執行最佳的資料配置，配置變更時不太需要資料移動，故障發生時的業務影響也比較小。

Ceph 的架構

Ceph 能夠以 RADOS Gateway（RADOSGW）、RADOS Block Device（RBD）、Ceph File System（Ceph FS）三種方式存取儲存器（圖 4-29）。

在 RADOS（Reliable Autonomic Distributed Object Store）的技術上，以監視器與 OSD（Object Storage Device）兩個元件所構成（圖 4-30）。當收到來自客戶端的資料存放請求時，OSD 配置、狀態管理的監視器就會提供資訊。OSD 進行物件的配置管理、實體儲存器的讀取等，**透過演算法根據配置資訊計算存放場所，存取符合存放場所的 OSD**。

Ceph 並非空頭的理論，而是已經提供的儲存產品。

圖4-29　Ceph 的概要

物件　　　　　　　　　區塊　　　　　　　　　檔案

| RADOSGW
提供物件單位
的存取 | RBD
提供區塊單位
的存取 | Ceph FS
提供檔案單位
的存取 |

CRUSH演算法

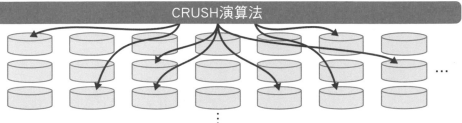

● 象徵Ceph的CRUSH演算法是，如章魚腳般實踐最佳的磁碟配置與存放
● 艾位元組（EB）是拍位元組（PB）的1,000倍
※RADOSGW與Amazon S3、OpenStack的Swift具有相容性

圖4-30　CRUSH 演算法的機制

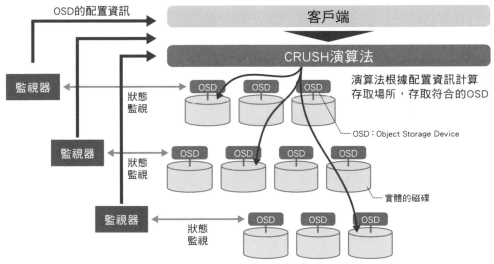

OSD的配置資訊

客戶端

CRUSH演算法

監視器

狀態
監視

OSD　OSD　OSD

演算法根據配置資訊計算
存取場所，存取符合的OSD

OSD：Object Storage Device

監視器

狀態
監視

OSD　OSD　OSD　OSD

實體的磁碟

監視器

狀態
監視

OSD　OSD　OSD

Point

🖊 Ceph 是雲端時代儲存器不斷增加的解決辦法之一。

🖊 Ceph 可對應物件、區塊、檔案所有存取方式，內含名為 CRUSH 演算法
的特有機制。

» 簡單的虛擬化基礎

與 Converged Infrastructure 的差異

前面曾經提到，有一些技術可以實現一個完整而簡單的虛擬化平台，那就是 **Hyper Converged Infrastructure**（HCI）。這項技術計算與儲存功能整合到伺服器中，可以更輕鬆地提供虛擬化基礎架構（圖 4-31）。

在 HCI 出現之前，就有融合基礎設施（CI）的概念，而且也有套裝產品，廠商提供使用者一整套經過驗證的網路設備、管理軟體、伺服器與儲存設備組合。由於效能優異，因此作為虛擬化平台，獲得了相當的支持。不過，在 CI 的情況下，由於外部連接儲存是共享的，因此配置像 SAN 一樣複雜。

HCI 的特徵是共享儲存器

HCI 不需要外部連接的儲存器，可使用 **4-12** 解說的 SDN 技術，從其他的伺服器存取伺服器內的磁碟。換言之，**能夠將某伺服器的磁碟當作共享磁碟來利用**（圖 4-32）。

HCI 與 CI 一樣可用相容性佳的產品群集成，也容易共享磁碟，適合用來建立私有雲環境。在從小規模開始的橫向延展中，能夠根據添加伺服器或者增加 HCI 單元等狀況來選擇。除了作為虛擬化基礎的功能外，也能夠降低實現私有雲環境時的門檻。

圖 4-31　CI 與 HCI 的配置差異

融合基礎架構
（CI：Converged Infrastructure）

- 垂直整合提供相容性佳的已驗證產品
- 透過整合管理輕鬆運行

超融合基礎架構
（HCI：Hyper Converged Infrastructure）

- 垂直整合交付，沒有外部儲存裝置
- 透過整合管理＋管理軟體與SDN自動化運行

圖 4-32　HCI 的特徵

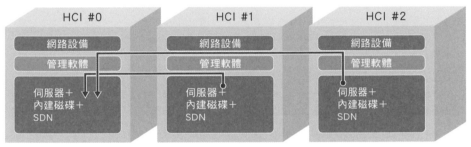

HCI #1與HCI #2也可將HCI #0的磁碟當作共享儲存器來利用

網路設備、伺服器的部分經過模組化，能夠以最小單位的配置組合，後續也容易追加元件

Point

✎ 透過 Hyper Converged Infrastructure，能夠相對簡單地建構虛擬化基礎。

✎ HCI 可將特定伺服器的內建磁碟，當作其他伺服器的共享儲存器來利用。

» IaaS 的基礎軟體

實現 IaaS 的軟體

前面解說了想要建構雲端的資料中心時，需要資料中心、設備、可集成的虛擬伺服器、網路設備，以及控制運行這些的人才與知識技術。

除此之外，還需要作為雲端基礎的軟體。

其中，具代表性的是 **2-12** 介紹過的 **OpenStack**。OpenStack 是公開原始碼的 IaaS 基礎軟體。

由非營利組織 OpenStack Foundation 的社群支援開發，OpenStack 有大型通訊業者、IT 供應商、網路企業等參與策劃，以不偏袒特定供應商的業界標準為目標發展推進。另外，RedHat 公司等也有提供付費的商用版本（圖 4-33）。

由 OpenStack 的配置來看雲端服務

OpenStack 主要是由下述組件所構成，宛若人名般的名稱也是饒有趣味之處（圖 4-34）：

- Horizon：服務門戶（運用管理工具：GUI）
- Nova：運算資源管理（虛擬伺服器等的管理）
- Neutron：虛擬網路功能
- Cinder、Swift：虛擬儲存功能
- Keystone：整合認證功能（ID 等的管理）

另外，將 SDN 以掛載（Plug-in）的形式連接 Neutron，就可與外部的伺服器、軟體協作。OpenStack 大致是由**內部基礎與對外服務**兩個部分所構成。

圖4-33　OpenStack Foundation 的概要

- OpenStack Foundation 是創立於 2012 年的非營利團體
- 就公開原始碼相關團體而言，擁有繼 Linux 世界第二大的規模
- 逾 600 家知名企業參與策劃
- 白金會員有 AT&T、ERICSSON、HUAWEI、intel、RedHat、SUSE 等；黃金會員中 IT 大廠有 CISCO、DELLEMC、NEC 等；企業贊助商有 FUJITSU、HITACHI、IBM、NTT Communications、SAP 等
- 主要的發行版本有 RedHat OpenStack Platform、Ubuntu OpenStack、SUSE OpenStack、HPE Helion OpenStack 等

小知識：

- OpenStack 的開發不斷演進，需要每半年更新一次，若皆未更新一年後就會迎來 EOL（End of Life）
- 發行版本提供 3 ～ 5 年的長期支援，利用上可配合企業系統的生命週期

圖4-34　OpenStack 的組件概要

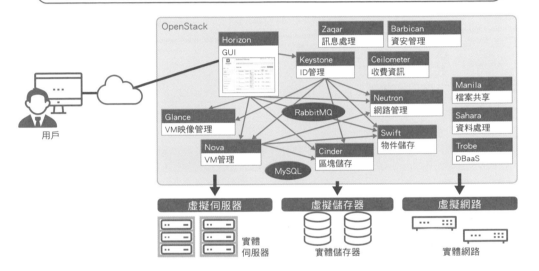

組件	功能
Horizon	服務門戶（用戶的 GUI）
Nova	運算資源管理
Neutron	虛擬網路功能
Cinder	虛擬儲存功能（區塊裝置儲存器）
Swift	虛擬儲存功能（物件儲存器）
Keystone	整合認證功能

組件	功能
Glance	虛擬機器映像管理
Ceilometer	資源利用狀況規劃（收費）
Sahara	資料處理／解析功能
Ironic	裸機服務開通（實體機器的指派等）
Zaqar	訊息處理功能
Barbican	資安管理功能
Manila	檔案共享系統

Point

- ✐ OpenStack 是 IaaS 的基礎軟體。
- ✐ OpenStack 是由雲端內部基礎與對外服務所構成。

» PaaS 的基礎軟體

實現 PaaS 的軟體

作為 IaaS 基礎的 OpenStack 逐漸成為業界標準，而 **PaaS 也有公開原始碼的基礎軟體**。

前面提到 PaaS 與 IaaS 的差異在於開發環境的有無，但如今也能夠使用 Python、Ruby 等開發語言、軟體框架、資料庫。

具代表性的範例可舉 **Cloud Foundry**。當初是由以虛擬化軟體聞名的 VMWare 公司開發，現在則是交由多數 IT 大廠參與的 Cloud Foundry Foundation 負責。因此，運用 Cloud Foundry 提供 PaaS 的業者名稱也都對外公開（圖 4-35）。

Cloud Foundry 的便利性

關於使用 Cloud Foundry 帶來的便利，可舉開發效率的提升作為例子。

在利用資料庫軟體的應用程式開發中，伺服器需要分別安裝資料庫軟體、開發語言以及必要的程式框架等，整頓成能夠呼叫使用的環境。

舉例來說，在 Cloud Foundry 上開發應用程式，從開發環境呼叫資料庫的時候，僅需輸入分發的用戶專用存取 ID，就能夠連線到資料庫。另外，應用程式發布後的版本更新、備份等，也能夠相對簡單地完成（圖 4-36）。

RedHat 公司提供的 OpenShift 有時也被稱為 PaaS 的基礎軟體，但在容器環境下的應用程式開發有其特徵，定位上或許有所不同。那麼，與 Kubernetes 有何差異呢？ Cloud Foundry 的重點在於應用程式開發；Kubernetes 則是有效率地活用 IT 基礎架構。

圖 4-35 **Cloud Foundry 的概要**

2011年　VMWare 公司開始提供 Cloud Foundry，作為 PaaS 的基礎軟體

2014年　Cloud Foundry Foundation 成立，參與的知名企業包括 EMC、HP、IBM、SAP、VMWare，
日本廠商則有日立、富士通、NTT 集團、東芝等

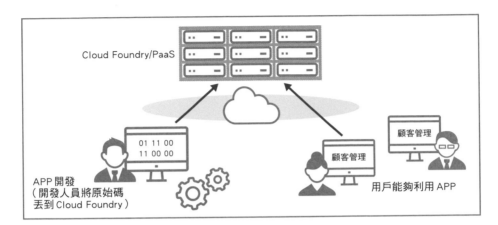

圖 4-36 **Cloud Foundry 的基本服務**

提供應用程式的運行環境	提供以Python、Ruby、ava等各種語言開發的應用程式運行環境
服務協作	展開虛擬伺服器，可從各應用程式呼叫使用
彈性調整與負擔分散	根據虛擬伺服器的增減、應用程式的處理，分配至各個虛擬伺服器
監視／修復	應用程式的狀態監視、故障時的自動修復等

● 基本服務等，會提供開發者用的GUI

● 資料庫、日誌收集等服務也能夠追加

● 指令種類充實，適合開發人員利用

Point

⟋PaaS 與 IaaS 一樣也有基礎軟體。

⟋多數 IT 大廠會運用 Cloud Foundry 提供 PaaS。

» 建構技術的共享化與標準化

雲端技術是建立在開源軟體的基礎上

在 **4-17**、**4-18** 中，解說了能夠建構雲端服務的基礎軟體 OpenStack、Cloud Foundry。

ERP（Enterprise Resource Planning）是提供一個企業業務主要部分的軟體套件。ERP 為泛用的套裝軟體，當然需要付費來使用。

OpenStack、Cloud Foundry 是可完整提供雲端服務的套裝軟體，但也可透過開源軟體免費利用。免費並不就代表品質拙劣，為了促進其普及、開發，由多家企業成立的非營利團體**社群**會給予支援。

4-3 的 KVM、**4-6** 的 Docker、**4-7** 的 Kubernetes 同樣也是開源軟體，也有社群支援。換言之，除了極少部分的供應商外，雲端業者的服務如圖 4-37 所示是透過開源軟體提供服務，因此，雲端系統的相關技術有很大一部分逐漸共享化、標準化。當然，表面未利用開源軟體的極少部分供應商，也肯定有在使用開源軟體。

開源軟體差異化的重點

雲端業者多半都有利用上述的開源軟體，但在什麼地方出現差異化呢？我們可關注下述幾個重點（圖 4-38）：

- 並不完全仰賴開源軟體，獨自開發細瑣的部分
- 因應個別用戶企業的要求，整理提供功能要件
- 進一步強化信賴性、性能等

在自家公司建構私有雲的時候，留意這些重點才能提供高品質的服務。

圖 4-37　　　　　　　　　**透過開源軟體進行共享化、標準化**

利用開源軟體建構時，通常是使用相同的開源軟體

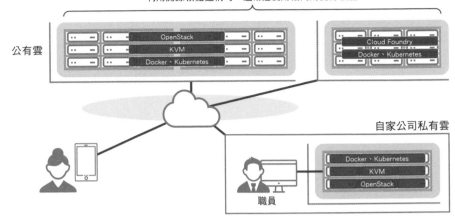

公有雲

OpenStack
KVM
Docker、Kubernetes

Cloud Foundry
Docker、Kubernetes

自家公司私有雲

Docker、Kubernetes
KVM
OpenStack

職員

圖 4-38　　　　　　　　　　**差異化的重點與實作範例**

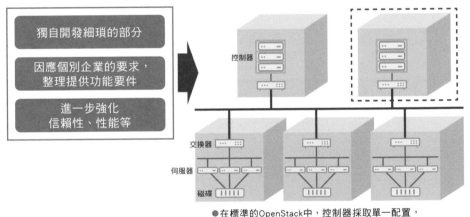

獨自開發細瑣的部分

因應個別企業的要求，
整理提供功能要件

進一步強化
信賴性、性能等

控制器

交換器

伺服器

磁碟

● 在標準的OpenStack中，控制器採取單一配置，
遇到緊急狀況時得停止整個雲端服務

● 作為獨自對應手段，業者會將控制器雙重化來強
化信賴性

● 即便是利用同樣的開源軟體，像這樣多下點工夫
也能夠實現差異化

Point

✎ 雲端技術是建立在開源軟體的基礎上，並由多家企業參與的社群支援。

✎ 即便利用開源軟體建構，也存在差異化的重點。

≫ 企業組織的動向

私有雲的建構變得容易

前面解說了雲端基礎軟體、HCI 等的進步與運用，**使得企業組織能夠相對容易地建立私有雲**。

當然不僅只如此，伺服器、網路、儲存器等虛擬化技術，在有特定的實體配置的前提下，實現了其最佳的分配與運行。SDN、Fabric Network、Ceph 等技術也逐步實裝。藉由學習這些技術來建立私有雲，最佳化後完整利用。

另一方面，隨著導入容器化、Kubernetes，以及微服務等應用程式的開發技法，企業組織持有的應用程式可在各程序中，尋求移轉至最佳的環境（圖 4-39）。

為了追求最佳的環境，你可以隨意地將自己的私有雲轉移到不同的公有雲上運作。

雲端導入的企業動向

愈來愈多早已導入雲端的企業組織，採用這種結合多種公有雲與私有雲的方法。

隨著利用的雲端業者數量增加，促進了私有雲的併用，企業開始需要管理混合雲、多重雲的服務。這類**服務管理**或稱管理服務的目標是，讓用戶沒有意識到雲端業者，僅關注服務的部分（圖 4-40）。

這種思維方式、服務管理的服務今後將會更進一步發展，在企業組織對雲端的擴大利用上，可能變成不可欠缺的存在。

圖 4-39　私有雲的建構支援與應用程式移轉的自由度

雲端基礎軟體、HCI能夠輔助建構私有雲

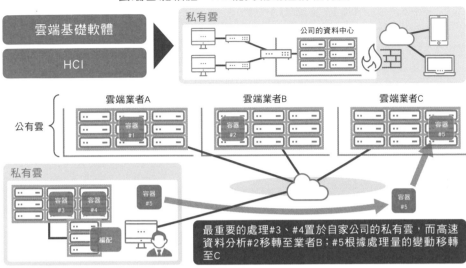

最重要的處理#3、#4置於自家公司的私有雲，而高速資料分析#2移轉至業者B；#5根據處理量的變動移轉至C

圖 4-40　服務管理的概要

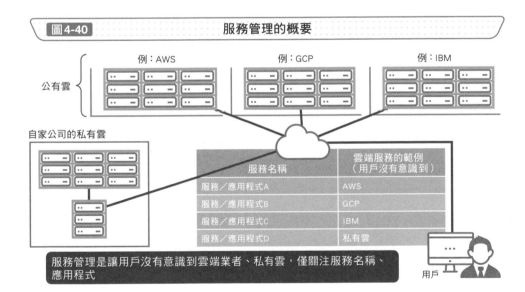

服務名稱	雲端服務的範例 （用戶沒有意識到）
服務／應用程式A	AWS
服務／應用程式B	GCP
服務／應用程式C	IBM
服務／應用程式D	私有雲

服務管理是讓用戶沒有意識到雲端業者、私有雲，僅關注服務名稱、應用程式

Point

✐ 充實的雲端技術使得建構私有雲變得容易。

✐ 在今後的雲端利用上，服務管理將是不可欠缺的存在。

嘗 試 看 看

容器化服務的精選

第 4 章解說了與容器化相關的技術，雖然這已是牽引現今雲端服務的技術之一，但這裡還是來練習將既存的應用程式容器化。

容器化的熟練者通常是實作「1 服務（APP）／ 1 容器」，這裡也以此為基準進行討論。

請根據下述的情況檢討該如何容器化。當然，答案並不只有一種。

情況：

利用下述三項功能，在網頁上顯示銷售一覽表

● 利用開源軟體 1 的顯示服務

● 利用開源軟體 2 的資料分析

● 利用開源軟體 3 管理銷售目標

解法範例

其一

如果想要做成微服務，而且不希望變更容器元件時影響其他容器，所以會使用三個容器，根據用途分成顯示分析結果的服務（啟動開源軟體 1 ＋顯示分析結果的處理）、資料分析的服務（啟動開源軟體 2 ＋資料分析的處理）等三個容器。日後，如果要將開源軟體 1 更換成開源軟體 4，也可以在不影響其他容器的情況下進行。

其二

由資料的流動可發現，該情況是在處理相同的資料，可視為處理相同資料的單一服務，直接封包至單一容器內部。

上述是依服務區分與依處理資料區分的範例，容器的區分目的與做法會影響劃分方式。

運行雲端的技術

~雲端是這樣運行的~

≫ 運行雲端的技術

支撐技術與運行技術的差異

第 4 章解說的雲端「建構技術」，是以伺服器等的虛擬化、容器化等開發技術為中心，現在也持續進化著。就這層意義而言，説成支撐雲端商務、技術進步的基礎技術，或許會比較正確。

第 5 章將解說的「運行技術」，如圖 5-1 所示，是回應多數企業、用戶對大量通訊與資料的要求，同時**不停止雲端服務持續運行的技術**。建構技術會依各項新科技的投入時期，在業者之間產生差異，但由於通常是以開源軟體為基礎，經過 1 年左右後就幾乎沒有什麼差別了。

另一方面，運行技術仰賴業者的經驗、知識技術的累積，仔細觀察會發現**各家業者有所不同**。網路、API 技術、資料中心營運、大規模系統的建構與運行經驗等，是沿循各家業者的發展起源，這也相當饒有趣味。

與企業組織不同的龐大 IT 設備管理

企業組織管理的伺服器數量，最多不過數千台左右而已，但在雲端業者的大規模資料中心，設置了超過萬台的伺服器。因此，涉及資料中心內部後，運行龐大 IT 設備的系統與知識技術有所不同（圖 5-2）。雖說如此，這個領域也確實迎來了**公開化的浪潮**。

另外，近幾年，企業組織開始傾向於同時使用好幾家不同業者的雲端服務。另一方面，雲端業者也朝著與其他同業合作，創造差異化來發展。這個部分也會在後面做說明。

圖5-1　持續運行雲端服務的技術

運行雲端的技術
需要回應大量通訊、
資料的要求

不停止雲端
服務地
持續運行

大量通訊、
資料的要求

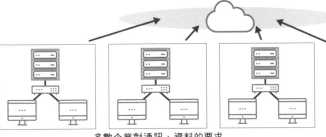

多數企業對通訊、資料的要求

多數個人用戶對通訊、
資料的要求

圖5-2　企業組織與雲端業者的「運行技術」差異

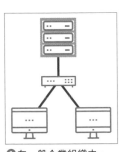

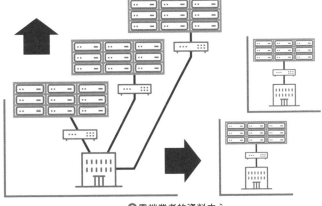

❶ 在一般企業組織中，
職員數（用戶數）
不會突然劇增

❶和❷的系統、
設備配置與營運
知識技術不同

❷ 雲端業者的資料中心
需要管理大量的 IT 設備，
IT 設備的數量會隨著商務
成長而持續增加，
資料中心本身也會跟著擴增

Point

✐「運行技術」是不停止雲端服務地持續運行的技術。

✐ 由於持續運行龐大的 IT 設備，需要跟企業組織不同的系統、知識技術。

》 雲端連線

常用的網路連線

企業組織利用雲端時的網路連線，最為常用的是 **VPN**（Virtual Private Network）。

VPN 是在網路上虛擬建立的專用網路，於傳送資料的企業組織與接收資料的雲端業者之間，建立虛擬通道進行通訊（圖 5-3）。

使用 VPN 的理由是，可利用現有的網路降低成本。除了雲端之外，VPN 也用於企業據點間的通訊、職員的遠距存取等（圖 5-3）。

另外，活用網頁瀏覽器的處理，通常是以 HTTPS 等常見的 SSL（Secure Socket Layer）加密通訊，但這主要用於個人連線的情況。

以新增的專用線路連線

由於大規模系統利用雲端的情況增加，且需要留意資安防護的資料增加，愈來愈多連線是透過**專用線路**進行。

專用線路是指，與 NTT 集團、KDDI、SoftBank 等通訊業者簽約，個別利用專用的回線。由於不與其他企業組織共用線路，具有性能較高且穩定、幾乎沒有遭到外部竊聽、竄改的危險性等優點，所以利用的情況愈來愈多。

雲端業者的伺服器與自家公司管理的伺服器連線時，經常使用專用線路（圖 5-4）。這類伺服器間的通訊，**需要滿足性能與資安兩方面的要求，專用線路的利用今後也會繼續成長。**

圖 5-3 　　　　　　　　　　　　VPN 的概要

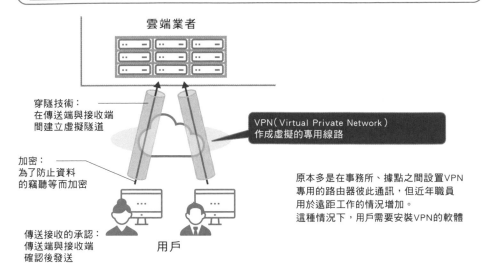

雲端業者

穿隧技術：
在傳送端與接收端
間建立虛擬隧道

VPN（Virtual Private Network）
作成虛擬的專用線路

加密：
為了防止資料
的竊聽等而加密

原本多是在事務所、據點之間設置VPN
專用的路由器彼此通訊，但近年職員
用於遠距工作的情況增加。
這種情況下，用戶需要安裝VPN的軟體

傳送接收的承認：
傳送端與接收端
確認後發送

用戶

圖 5-4 　　　以專用線路連接雲端業者與自家公司的伺服器

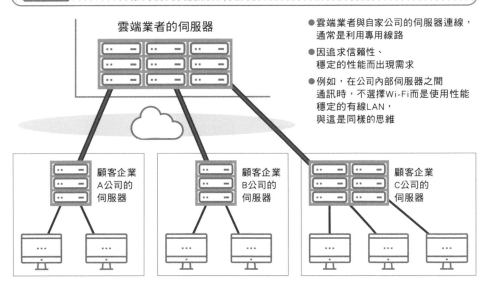

雲端業者的伺服器

● 雲端業者與自家公司的伺服器連線，
　通常是利用專用線路

● 因追求信賴性、
　穩定的性能而出現需求

● 例如，在公司內部伺服器之間
　通訊時，不選擇Wi-Fi而是使用性能
　穩定的有線LAN，
　與這是同樣的思維

顧客企業
A公司的
伺服器

顧客企業
B公司的
伺服器

顧客企業
C公司的
伺服器

Point

✏ 雲端連線通常是利用 VPN。

✏ 由於將大規模系統掛載至雲端、追求性能與信賴性，選擇專用線路的情
　況愈來愈多。

第
5
章

雲端連線

» 資料中心端的網路

大量的網路設備

如第 4 章所述，在雲端業者的資料中心內部，利用了預設流量遠多於企業組織的技術。如同上一節的解說，企業組織是透過 VPN、專用線路等，連線至雲端業者的資料中心。

在接收這些連線的資料中心端，會經過處理網路連線的路由器、資料中心內指派目的地的核心交換器，以及控制伺服器、儲存器的交換器（或稱為終端交換器）。現實中的資料中心配置沒有圖 5-5 般單純，存在為數眾多的交換器。

專用交換器與高速 LAN

當有大量的伺服器時，虛擬伺服器未必存在於同一實體伺服器中，隨著伺服器的增加，實體伺服器間的橫向網路對應愈顯重要。

以前的資料中心需要的是，用戶連線至資料中心伺服器、儲存器等的縱向網路處理，但如今焦點轉向伺服器間的橫向網路對應（圖 5-6）。

因此，資料中心需要處理性能遠高於企業組織的**資料中心專用的交換器**，LAN 也不是 100Mbps 而是**數十 Giga 的 LAN 所構成**。多虧高性能且穩定的網路基礎，才得以連結大量伺服器向多數用戶提供雲端服務。

圖 5-5　　　　　　　　　　　資料中心內部的網路概要

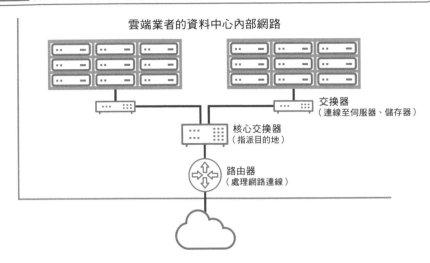

雲端業者的資料中心內部網路

交換器
（連線至伺服器、儲存器）

核心交換器
（指派目的地）

路由器
（處理網路連線）

圖 5-6　　　　　　　　　　　橫向對應利用高性能的硬體

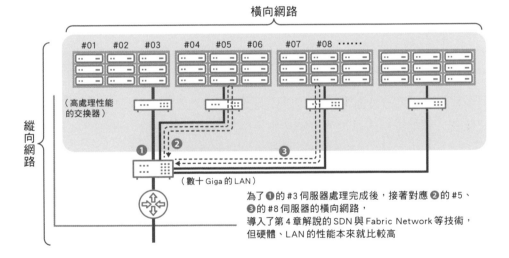

橫向網路

#01　#02　#03　　#04　#05　#06　　#07　#08 ‧‧‧‧‧‧

縱向網路

（高處理性能
的交換器）

（數十 Giga 的 LAN）

為了 ❶ 的 #3 伺服器處理完成後，接著對應 ❷ 的 #5、
❸ 的 #8 伺服器的橫向網路，
導入了第 4 章解說的 SDN 與 Fabric Network 等技術，
但硬體、LAN 的性能本來就比較高

Point

✐ 在雲端業者的資料中心內部，利用了執行大量且高速處理的專用交換器。

✐ 企業組織現在仍以 100Mbps 的 LAN 為主流，但資料中心內部已開始運
用數十 Giga 的 LAN。

» 負載分散

負載分散的範例

　　雲端業者的資料中心會有直接簽約的企業用戶,與經由這些企業的網頁服務等連線至虛擬伺服器的大量存取。

　　以網路伺服器的例子來討論,如圖 5-7 存取數少時,單一伺服器就足以應付,但當存取數增加的時候,就得以複數台伺服器**分散負載**。以複數台伺服器分散負載提高處理性能與效率,這樣的手法稱為負載平衡(Load Balancing),而執行該作業的伺服器、網路設備則稱為**負載平衡器(Load Balancer)**。這是有大量存取、通訊的系統必須具備的功能。負載平衡器由於其功能會設置於接近網路閘道器的附近,資料中心是以多數負載平衡器處理大量的通訊要求。

雲端服務的負載平衡器

　　4-7 說明了裝入容器中的系統,會於複數的雲端業者之間尋找並移動至最佳場所。此時,編配器扮演管理容器的角色。與此意象相近,雲端服務的負載平衡器如圖 5-8 所示,也有橫跨雲端業者、私有雲來分散負載的平衡器。

　　雖然負載平衡器容易被關注分散負載的處理,但同時也具有事前分散負擔來防範故障發生的功能。

　　設想負載平衡器的設置場所、持有者,同時考量其應用,就能如同虛擬化技術有多種構想般增加系統的自由度。

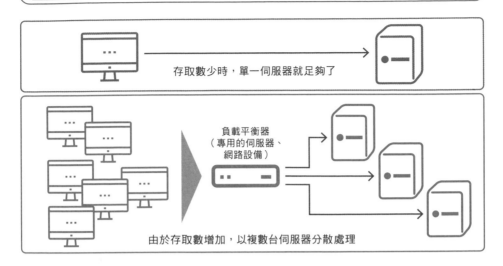

圖 5-7 網頁伺服器的負載平衡器範例

存取數少時，單一伺服器就足夠了

負載平衡器
（專用的伺服器、
網路設備）

由於存取數增加，以複數台伺服器分散處理

圖 5-8 雲端服務的負載平衡器範例

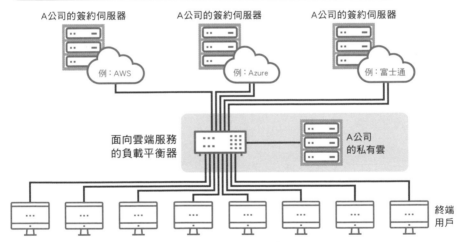

A公司的簽約伺服器　　A公司的簽約伺服器　　A公司的簽約伺服器

例：AWS　　　　　　　例：Azure　　　　　　例：富士通

面向雲端服務
的負載平衡器

A公司
的私有雲

終端
用戶

● A公司區別利用複數雲端業者提供的網頁服務後，
負載平衡器會將終端用戶導向最佳的簽約伺服器

● 在雲端業者的系統配置中，平衡器也發揮重要的功能

Point

✎ 利用負載平衡器能夠分散伺服器的負載。

✎ 如同存在面向雲端服務的負載平衡器，負載平衡器活躍於各式各樣的
場景。

» 並列處理的動向

運算處理的趨勢與雲端業者提供的伺服器

就中長期而言，伺服器上大量運算處理的趨勢，已逐漸轉為並列處理與高性能機的運算。

直到 2000 年代末，由於高性能伺服器的價格偏高，會選擇複數並排便宜的伺服器，負載分散的同時進行並列的運算處理。以谷歌研究為基礎、在 **3-13** 介紹的 Hadoop 等，就是該流程延長線上的技術。

2010 年代後，隨著虛擬伺服器、CPU 的性能提升與進化，逐漸返回使用高性能伺服器的運算處理。但是，由於仍有使用 Hadoop、Apache Spark 等分析龐大數據的需求，如圖 5-9 所示，雲端業者配備低價格低性能、高價格高性能、中等價格中等性能等，用於大數據分析的伺服器群來提供服務。

核心數與執行緒數

現今伺服器主流的 IA（Intel Architecture）伺服器（或稱 PC 伺服器），主要是評估 CPU 的核心數、執行緒數（threads）。簡單來説，核心數是指 CPU 封包中裝進幾個 CPU；執行緒數是指能夠處理的軟體數量（圖 5-10）。

近年蔚為話題的 **GPU**（Graphics Processing Unit），除了 3D 圖形等的圖像處理運算外，也適合用於並列處理。與 CPU 相比，核心數本身也多達數千個，能夠實現高達 100 倍的運算速度。

高性能伺服器搭載著高性能的 CPU、GPU，普通的業務系統不再以複數台並列處理大規模運算，迎來**單體高性能伺服器就足以應付的時代。**

圖 5-9 雲端業者準備的伺服器與服務

●便宜、低性能的伺服器
●使用費也便宜

●價格性能中等的伺服器
●使用費也適中

●昂貴、高性能伺服器
●使用費也昂貴
　（能夠對應並列處理）

●大容量的大數據
　分析服務
●活用Hadoop等技
　術，未必是高性
　能的伺服器

即便遇到大規模的一般業務、
運算處理，也可從這個陣容中選擇來應付

用於非同尋常
的大容量、特殊
的運算處理

圖 5-10 **CPU** 的核心數與執行緒數

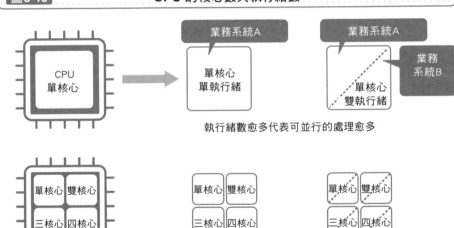

業務系統A

單核心
單執行緒

業務系統A

業務
系統B

單核心
雙執行緒

執行緒數愈多代表可並行的處理愈多

CPU
單核心

單核心　雙核心
三核心　四核心

單核心　雙核心
三核心　四核心

單核心　雙核心
三核心　四核心

核心數愈多代表實體CPU愈多

分別為單執行緒的情況

分別為雙執行緒的情況

Point

✎雲端業者會配合用戶的需求，準備價格性能不同的伺服器。

✎進入少數高性能伺服器處理、取代多數伺服器並列處理的時代。

» 大量 IT 資源的管理

維運服務的確立

在提供雲端服務的資料中心，確立了大量設置 IT 設備、軟體運行以及有關維運的服務內容與管理。這些隨著資料中心的發展而進步，但即便業者不一樣，大量 IT 設備的管理也大致相同。

IT 服務控制

IT 服務控制是，根據用戶企業組織的標準或者個別同意的運行步驟，透過 IT 設備保養、備份、修復操作等基礎架構管理，與資安對策等的系統管理提供營運作業（圖 5-11）。公有雲的場合是提供標準的服務，個別簽約的資料中心則是提供個別對應的服務。

IT 服務維運

為了實現系統的穩定運行，考量系統的重要性而提供了 **IT 服務維運**（**IT Service Operation**）。基本上採取遠距維運，除了再啟動、備份等日常的伺服器維運外，還得進行必要的任務執行、媒體存取等維持系統的穩定運行。隨著系統的重要性愈高，這類處理的次數就會愈多（圖 5-12）。

根據其重要程度，還有重要設備的 ping 監視、資料庫的狀況監視等選擇性服務。

服務控制、維運等後台服務**已經是標準配置**，作為由後方支援雲端的運行技術，有助於服務的充實與普及。

圖5-11 IT服務控制的概要

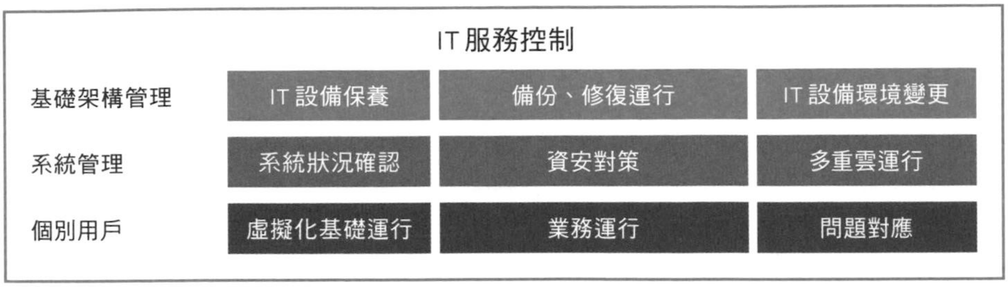

IT服務控制
基礎架構管理
IT設備保養
備份、修復運行
IT設備環境變更
系統管理
系統狀況確認
資安對策
多重雲運行
個別用戶
虛擬化基礎運行
業務運行
問題對應

- 主要是由基礎架構、系統、個別用戶等三階層所構成
- 從用戶端來看，未必會看到像這樣的整理結果

圖5-12 IT服務維運的概要

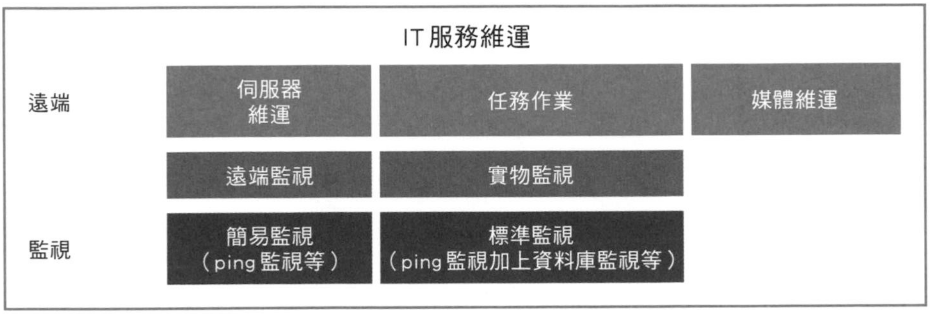

IT服務維運
遠端
伺服器維運
任務作業
媒體維運
遠端監視
實物監視
監視
簡易監視（ping監視等）
標準監視（ping監視加上資料庫監視等）

存在以遠距維運為基礎的監視服務

參考）ping指令的表達範例（左：Windows、右：Linux）
ping是能夠確認特定IP位址連線狀況的知名指令

```
C:¥>ping 10.20.121.32

10.20.121.32 に ping を送信しています 32 バイトのデータ:
10.20.121.32 からの応答: バイト数 -32 時間 -14ms TTL-56
10.20.121.32 からの応答: バイト数 -32 時間 -14ms TTL-56
10.20.121.32 からの応答: バイト数 -32 時間 -15ms TTL-56
10.20.121.32 からの応答: バイト数 -32 時間 -15ms TTL-56

10.20.121.32 の ping 統計:
    パケット数: 送信 - 4、受信 - 4、損失 - 0 (0% の損失)、
ラウンド トリップの概算時間 (ミリ秒):
    最小 - 14ms、最大 - 15ms、平均 - 14ms
```

```
$ ping m01.darkstar.org

PING m01.darkstar.org (10.20.121.32) 56(84) bytes of data.
64 bytes from m01.darkstar.org (10.20.121.32): icmp_seq-1 ttl-64 time-0.184 ms
64 bytes from m01.darkstar.org (10.20.121.32): icmp_seq-2 ttl-64 time-0.160 ms
64 bytes from m01.darkstar.org (10.20.121.32): icmp_seq-3 ttl-64 time-0.231 ms
64 bytes from m01.darkstar.org (10.20.121.32): icmp_seq-4 ttl-64 time-0.205 ms
^C
--- m01.darkstar.org ping statistics ---
4 packets transmitted, 4 received, 0% packet loss,
time 3000ms rtt min/avg/max/mdev - 0.160/0.195/0.231/0.026 ms
```

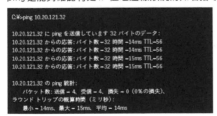

Point

- 在提供雲端服務上，不可欠缺的服務控制、維運已經常規化。
- 這些也是由後台支援雲端的運行技術。

» 大量伺服器的管理

管理用的網路

上一節説明了 IT 資源管理的概要，這一節再稍微具體解説伺服器等的管理。

若先從實體面向切入，在 **1-11** 已經説明過控制器。各個伺服器除了業務上不可欠缺的網路外，也跨足其他管理用的網路。**管理用的網路與業務用的網路是不一樣的存在**，管理伺服器是由監視各個伺服器的系統構成。現實中的配置通常為大規模的骨幹系統，幾乎不存在小規模的系統（圖 5-13）。

運行監視也迎來公開原始碼的時代

系統的實體配置中存在管理用的網路，軟體方面正逐漸公開化。

説到就地部署時代系統、伺服器的運行監視，日立 JP1 擁有日本國內最高的市占率。然而，最近數年，隨著這類領域的開源軟體普及，愈來愈多資料中心使用 **Zabbix**、Hinemos 等軟體。圖 5-14 是 Zabbix 的概要。

Zabbix 是利用資料庫存放監視資料等，除了 Oracle、IBM 的 Db2 等商用資料庫外，也可利用 MySQL、PostgreSQL 等公開原始碼的資料庫。基本上，開源軟體能夠對應各種情況。

不僅只雲端的基礎軟體，開源軟體的浪潮也影響了**運行管理**，只要工程師的技能高超，從大規模的系統建構到運行，大部分都能使用免費軟體達成，真的進入了非常厲害的時代。

圖5-13 .... 管理用網路與運行監視伺服器的範例

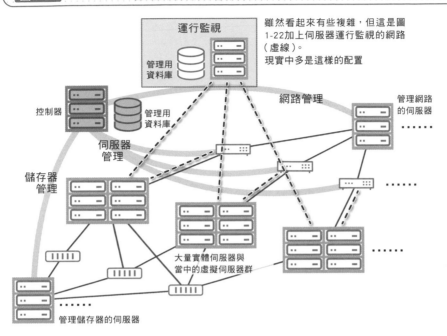

運行監視

管理用
資料庫

雖然看起來有些複雜，但這是圖
1-22加上伺服器運行監視的網路
（虛線）。
現實中多是這樣的配置

網路管理

控制器

管理用
資料庫

管理網路
的伺服器

伺服器
管理

儲存器
管理

大量實體伺服器與
當中的虛擬伺服器群

管理儲存器的伺服器

圖5-14 .... **Zabbix** 的概要

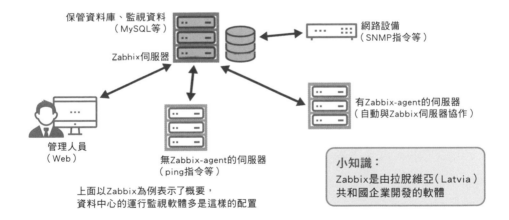

保管資料庫、監視資料
（MySQL等）

Zabbix伺服器

網路設備
（SNMP指令等）

管理人員
（Web）

無Zabbix-agent的伺服器
（ping指令等）

有Zabbix-agent的伺服器
（自動與Zabbix伺服器協作）

小知識：
Zabbix是由拉脫維亞（Latvia）
共和國企業開發的軟體

上面以Zabbix為例表示了概要，
資料中心的運行監視軟體多是這樣的配置

Point

✐存在管理用的網路，用來管理大量伺服器的運行。

✐資料中心的運行監視也普遍使用開源軟體。

第 **5** 章

大量伺服器的管理

» 大量伺服器的故障對應

故障發生時的切割捨棄

上一節解說了運行管理。其實，大量設備的故障對應也與運行管理密切相關。

在管理大量 IT 設備時，雲端服務的業者不會有設備百分之百都不會故障的想法，也就是說，在發生故障時，他們不是立即維修故障的設備，而是視情況切割捨棄的觀念。

這是因為，資料中心跟一般的企業不同，他們擁有成千上萬的大量伺服器，因此一開始就不會考慮馬上維修故障設備的問題。拜伺服器與網路設備的虛擬化之賜，發生故障時可以迅速轉移，所以這種概念可以福豬實踐（圖 5-15）。

IT 設備的維護

故障發生時切割捨棄實體的設備。

過去會簽訂保養、支援的契約，但現在基本上不是根本沒有類似的契約，就是採取低價格送回交換替代的設備。故障發生時自動切割分離，進行不定期保養或者送回修理，當中也有直接捨棄的業者。

的確，相較於故障發生時，向伺服器廠商、販售公司或者保養服務公司說明情況，轉交故障設備再領回所消耗的時間精力、人事費用，再考量伺服器的價格數量、故障頻率等，不同業者的對應方式當然會不一樣。

為了這類故障發生時能夠順利對應，愈來愈多網路設備的配置採取三重化的豪華配置（圖 5-16）。

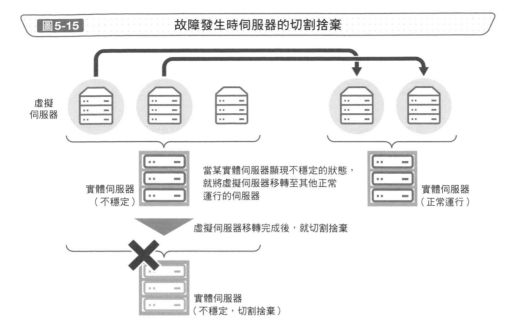

圖5-15　故障發生時伺服器的切割捨棄

虛擬
伺服器

實體伺服器
（不穩定）

當某實體伺服器顯現不穩定的狀態，
就將虛擬伺服器移轉至其他正常
運行的伺服器

實體伺服器
（正常運行）

虛擬伺服器移轉完成後，就切割捨棄

✕

實體伺服器
（不穩定，切割捨棄）

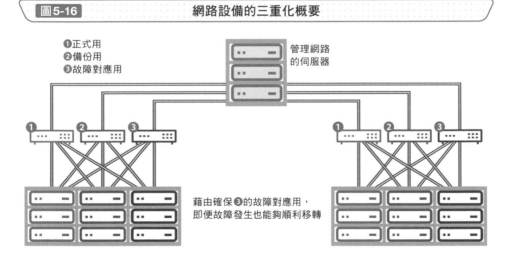

圖5-16　網路設備的三重化概要

❶正式用
❷備份用
❸故障對應用

管理網路
的伺服器

藉由確保❸的故障對應用，
即便故障發生也能夠順利移轉

Point

✐大量伺服器的故障對應不追求完美，而是採取直接切割捨棄的思維。

✐為了在故障發生時順利移轉虛擬伺服器，愈來愈多網路設備採取三重化
配置。

» 多重雲的管理

統一管理可做到的事情

隨著企業組織普遍利用雲端，人們開始尋求管理多樣雲端服務的機制。在這樣的背景下，對於 **4-20** 介紹的服務管理認知逐漸抬頭。

由於雲端能夠免費利用、低成本嘗試，在企業前線也容易由部門主導引入，但在某個時間點以企業單位整理後，可能會發現**許多業者提供的各種服務混在一起。**

藉由資訊系統部門、經營管理等熟悉 IT 的部門整合統一管理，有可能使治理發揮效用，檢討有效率的利用與收費（圖 5-17）。

公有雲與私有雲站在同一個舞台上

現實中，多重雲管理可經過幾個階段來進行。

首先，設立**入口網站**（Portal Site）將各部門的利用情況視覺化。接著，訂定雲端的利用方針，沿循這項基準來使用（圖 5-18）。再來，根據視覺化與方針等，由統籌部門管理契約、要求等。進行到這種程度後，就能夠有效率地利用整個雲端，也可整合挑選雲端業者，或者選定新的業者。

從視覺化到管理要求、利用的服務管理，都能找到提供這方面系統的業者，所以將自家公司的私有雲納入其中，就能作為多重雲的管理系統來使用。即便沒有打算系統化，這也是用戶應該要有的概念。

圖5-17 多重雲管理的目的範例

集中管理可採取以下措施

IT治理的維護與強化
- 根據公自家公司的IT策略來使用雲端
- 遵守資安政策來利用

雲端利用的效率化與適當化
- 將各部門的使用情況視覺化
- 訂定使用申請與披批准的規則

計費方式
- 收費系統的視覺化與利用狀況的整理
- 宣導計價收費的觀念

圖5-18 多重雲管理的步驟範例

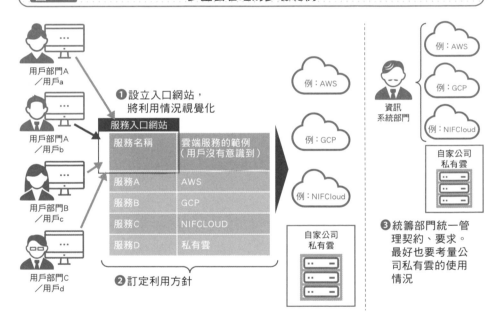

用戶部門A／用戶a

用戶部門A／用戶b

用戶部門B／用戶c

用戶部門C／用戶d

❶ 設立入口網站，將利用情況視覺化

服務入口網站

服務名稱	雲端服務的範例（用戶沒有意識到）
服務A	AWS
服務B	GCP
服務C	NIFCLOUD
服務D	私有雲

❷ 訂定利用方針

例：AWS

例：GCP

例：NIFCloud

自家公司私有雲

資訊系統部門

例：AWS

例：GCP

例：NIFCloud

自家公司私有雲

❸ 統籌部門統一管理契約、要求。最好也要考量公司私有雲的使用情況

Point

✎ 雲端長期利用下來，企業內部的各種服務可能混在一起。

✎ 涵蓋眾多業者的服務與與自家的私有雲管理，可以分階段進行。

» 服務業者的目標

大型業者 ～兩個目標～

雲端世界的巨頭供應商可舉亞馬遜、微軟、谷歌。

巨頭供應商會擴充先進的服務，目標是一家就能滿足顧客企業所有的需求。換言之，除了要成為用戶心目中的 No.1 供應商，還要是 Only1 的存在。

緊追在巨頭供應商後面的富士通、IBM、NTT Communications、SoftBank 等，當然目標也是成為自己用戶的 No.1 與 Only1，但同時也是巨頭供應商的銷售夥伴。因此，緊追其後的業者也致力於以多重雲為前提的解決方案。在整個雲端市場活絡下，日本國內市場第三名後的排名，宛若處於戰國時代般不斷交替。當然，除此之外，也有各式各樣優良的準大型、中小型業者（圖 5-19）。

業者、服務選定的基準

另一項饒富趣味的是，雲端業者不是選擇傾注心力於公有雲，就是將重點放在個別企業的私有雲建構支援上。在雲端問世以前的系統市場，IT 供應商、通訊業者處於絕對優勢的地位，可活用該經驗投入企業組織的私有雲建構支援。如 **1-16** 所述，私有雲市場進步顯著，確實有可能實現提升個別用戶企業收益的商務模式。

如圖 5-20 所示，**縱軸是巨頭、繼巨頭之後的大型、準大型、中小型業者，橫軸則是使用公有雲或者私有雲**，這樣整理思考也很有意思。然後，留意合作夥伴的關係來看業者與服務，就能夠找到最佳的活用方式。

圖5-19　　大型業者的目標

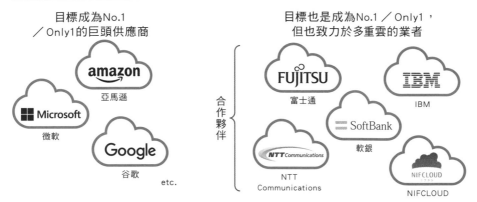

目標成為No.1
／Only1的巨頭供應商

amazon
亞馬遜

Microsoft
微軟

Google
谷歌　　etc.

合
作
夥
伴

目標也是成為No.1／Only1，
但也致力於多重雲的業者

FUJITSU
富士通

IBM
IBM

SoftBank
軟銀

NTT Communications
NTT
Communications

NIFCLOUD
NIFCLOUD

- 也有作為巨頭供應商夥伴企業的一面
- 除此之外，還有各種優良的準大型、中小型業者
- 在全球市場中，中國的阿里巴巴等也名列前段班
- 日本國內的兩大巨頭為亞馬遜與微軟，第三名後的排名宛若處於戰國時代般不斷交替

圖5-20　　雲端業者的選定基準範例

公有雲　　　　　　自家公司私有雲

巨頭供應商
- 主要是公有雲
- 擁有先進廣泛的服務

IT供應商
- 雙向發展
- 也支援私有雲的建構

通訊業者
- 主要是支援私有雲的建構
- 在通訊費、網路上具有優勢

準大型、中小型
- 雙向發展
- 具有獨特的服務

- 事前瞭解各業者的戰略與想法
- 有時利用夥伴企業能夠壓低總體成本
- 也有專攻私有雲的業者

Point

✐目標成為 No.1 ／ Only1 的業者、目標為發展多重雲的業者等，瞭解服務
　提供端的戰略、想法後，雲端商務會更饒富趣味。
✐檢討公有雲的時候，建議也留意合作夥伴的關係。

嘗試看看

思考關於邊緣應用的場景

第 5 章解說了負載平衡器等，以分散負載防範性能降低、故障發生的技術。除此之外，還有將一部分的伺服器處理切割出來，交由伺服器與客戶間代行運算的機制。雖然正文沒有提到，但這是稱為邊緣運算的技術。邊緣運算是代行一部分的伺服器處理，屬於網頁、IoT 系統等不可欠缺的技術。不全部交由雲端伺服器處理，在自身網路內設置邊緣系統來減輕伺服器的負擔。

邊緣應用場景的範例

檔案伺服器的情況

在檔案伺服器內，部分檔案會有暫時性存取、更新頻繁的情況。將這部分置於網路內的邊緣伺服器。

系統配置的範例

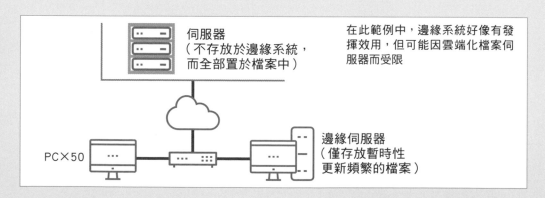

另外，邊緣發揮效用的場景，還有資料的消除與篩選、AI 的圖像判別、緊急的處理與通訊等。邊緣的應用今後也會繼續擴展，請大家務必不要忘記像這樣的垂直思考。

雲端的資安防護

~概要與對策~

第 6 章

» 事前瞭解可能發生的風險

現實中的威脅

如同前面的解說，雲端整體來說具有許多優於運行自家公司系統的地方。

然而，與不特定多數的用戶一起使用伺服器、網路設備，也有可能遇到**非用戶引起的問題**。可預想到的問題中，最麻煩的是**服務（暫時性）中斷**與非法存取等的資安風險。

服務暫時中斷的起因通常不是來自外部，而是伺服器、網路的負擔等所造成的系統崩潰。根據利用企業的不同，可能遇到資料量突然增加、伺服器的存取數激增，這些情況疊加起來，可能會對大量伺服器等的一部分造成巨大影響。面對這樣的情況，可採取不同場所、設備的實體系統雙重化或者勤勞備份等對策（圖 6-1）。

資安防護的對應

最有可能發生的是服務中斷，但資料洩漏、攻擊造成的系統異常等資安風險，也並非完全不可能發生。

相較於就地部署的伺服器，由於許多存取是來自不特定多數的用戶，遭到惡意第三人的攻擊、監聽等的機率會比較高。當然，如同後面的解說，雲端業者會準備各種資安防護對策。

資安防護不全權交由業者負責，釐清自家公司過去的想法、就地部署方面採取了什麼樣的對應等，進而檢討雲端的**資安治理**、資安政策會是比較理想的做法（圖 6-2）。

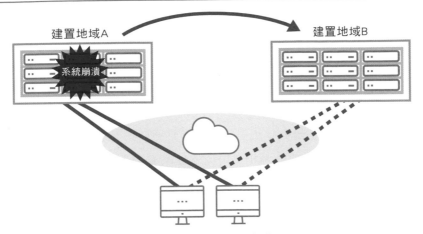

圖6-1 雲端中斷的防備範例

建置地域A

系統崩潰

建置地域B

在建置地域B建立同步備份，
當建置地域A發生問題時可以立即切換

圖6-2 資安風險與防備的概要

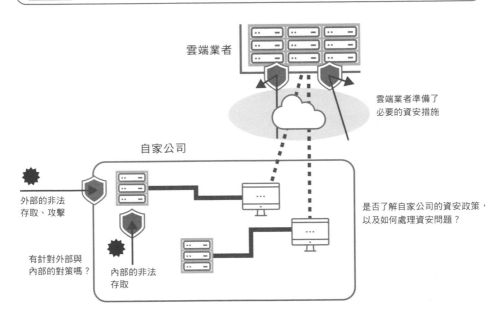

雲端業者

雲端業者準備了
必要的資安措施

自家公司

外部的非法
存取、攻擊

是否了解自家公司的資安政策，
以及如何處理資安問題？

有針對外部與
內部的對策嗎？

內部的非法
存取

Point

🖋 現實中可能因業者端出問題造成雲端服務中斷，所以需要有所防備。

🖋 確認自家公司採取的治理手段，以及如何處理資安問題。

» 資安政策的特徵

資訊安全政策的概要

企業組織會訂定資訊安全政策（通稱：**資安政策**），統整組織中的資安對策、方針與行動指南等。由於不同企業組織的事業、業務有所差異，需要依據各自固有的資訊系統資產來作成。近年接二連三發生大型企業的資訊洩露等事故與醜聞，在這樣的背景下，資安政策變得比過往更為重要。如圖 6-3 所示，資安政策是由基本方針、對策基準、實施步驟的三階層金字塔所構成。

企業組織在設立私有雲時，可遵循既存的資安政策推進導入。

雲端業者的資安政策特徵

提供雲端服務的業者端，就資安政策與其實施步驟而言，當然有與企業組織相同的部分，但也有如下的重要特徵（圖 6-4）：

- **積極取得第三方認證**

  定期公開接受多數的第三方機構稽核，公布該評鑑結果展現信賴性。一般企業不以取得多數驗證為目標。

- **不公開資料中心的場所**

  海外業者傾向不公開；日本國內業者傾向公開場所。的確，不公開場所比較安全，但就簽約者的立場而言，完全不曉得多少會令人感到不安。

- **徹底控制從業人員等的存取**

  存取控制的系統具有顯著效果，但建構困難且耗費成本。然而，若由內部崩潰就無法經營商務，所以是業者必須採取的手段。

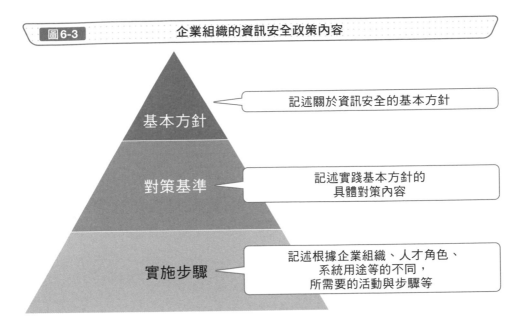

圖6-3 企業組織的資訊安全政策內容

基本方針 ← 記述關於資訊安全的基本方針

對策基準 ← 記述實踐基本方針的具體對策內容

實施步驟 ← 記述根據企業組織、人才角色、系統用途等的不同，所需要的活動與步驟等

圖6-4 雲端業者資安政策的重要特徵

積極取得第三方認證	●ISO27001等各種第三方認證 ●各業者的網站上標示了許多認證標章 ●其中，AWS、Azure特別積極
不公開資料中心的場所	●海外供應商傾向不公開；日本國內供應商傾向公開 ●這是由於治安、商業習慣的差異
徹底控制從業人員等的存取	●資安防護的效果顯著，但系統的建構困難且耗費成本 ●由內部崩潰就無法經營商務，所以是業者必須採取的手段

Point

⟋企業組織需要遵循資安政策來檢討雲端的導入。

⟋雲端業者的資安政策具有積極取得第三方認證等特徵。

≫ 防範威脅的資安對策

企業的非法存取對策

企業組織會根據資安政策，針對**非法存取**採取資安對策。

當系統、伺服器遭受外部的非法存取時，可能發生資料洩露的情況。若洩露的資料含有用戶的隱私資訊等，受害損失將會非常嚴重。為了防止這樣的事態發生，需要防範外部非法存取的對策。

圖 6-5 的表格是企業組織的主要資安威脅與對策。除了屬於組織的我們每個人，表中的用戶也可是日誌的確認、裝置操作的監視等。

雲端事業的防護範圍廣泛

雲端業者的資安對策多少與企業組織有所不同。

系統、伺服器的部分共通，能夠追求進一步的強化，但內部虛擬環境的用戶部分不一樣。由於連線雲端的裝置、終端不屬於雲端業者，所以與企業組織能夠做到的事情產生差異。例如，企業提供的公司電腦能夠檢查 USB 隨身碟的接續，但雲端業者就難以進行這樣的管理。

另一方面，**雲端是以網路連線為前提的服務，透過對企業強化外部非法存取對策的形式，同樣重視外部攻擊、侵入等的對策。**這是知名大型企業的網站採取的對策，針對傳送大量資料促使系統崩潰、**標的型攻擊**、身分盜竊等的惡意攻擊（圖 6-6）。

每天有成千上萬瀏覽量的企業網址，其中難免有相當比例的惡意攻擊，基於這一點，所以必須審視雲端業者的資安對策。

圖6-5　企業組織的資安威脅與對策

對象	技術性／人為	資安威脅	對策範例
系統、伺服器	技術性威脅	外部的非法存取	●防火牆 ●非軍事區 ●裝置間的通訊加密
用戶	人為威脅	內部的非法存取	●用戶管理 ●確認存取日誌 ●監視裝置操作
資料	技術性威脅	資料洩露	外接式媒體中的資料加密

※ 除此之外，還有針對所有對象的病毒威脅

圖6-6　雲端業者的對策範圍廣泛

企業組織預想的內外部非法存取

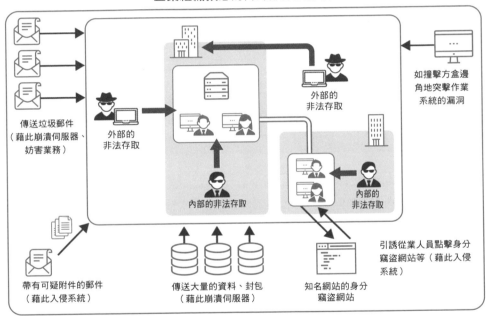

傳送垃圾郵件（藉此崩潰伺服器、妨害業務）

外部的非法存取

外部的非法存取

如撞擊方盒邊角地突擊作業系統的漏洞

內部的非法存取

內部的非法存取

引誘從業人員點擊身分竊盜網站等（藉此入侵系統）

帶有可疑附件的郵件（藉此入侵系統）

傳送大量的資料、封包（藉此崩潰伺服器）

知名網站的身分竊盜網站

●雲端業者實施的對策範圍廣泛，能夠防範如上述的惡意標的型攻擊
●部分大型企業等也具有同等級的對策
●近年，許多業者會併設專門處理網路安全的中心

Point

✎雲端業者的資安對策防護範圍比企業組織的還要廣泛。
✎由於是以網路連線為前提，需要實施防範外部攻擊、入侵的對策。

» 資安對策的實體配置

從防火牆開始的資安堡壘

上一節解說了，雲端業者的資安對策防護範圍比企業組織的還要廣泛。為了幫助理解，這裡就來說明實體配置的概要。

如圖 6-7 所示，前台的網路資安防護設置了熟悉的防火牆，與內部網路之間設立了非軍事區。跨越非軍事區後才是內部網路，裡面的負載平衡器會如 **5-4** 所述分散負載，接著連至控制器與用戶實際簽約的伺服器群。

企業組織也有導入防火牆、非軍事區，但根據企業規模的不同，多為每項功能對應一台伺服器的配置。而容納大量伺服器的資料中心，則是**分別由眾多裝置、伺服器所構成。**

緊接著防火牆的資安堡壘

如上一節所述的資安威脅，現實中大多可在防火牆、非軍事區除去。

圖 6-8 是圖 6-7 的側視圖，防火牆與非軍事區橫向並排在一起。將功能分成複數階層配置，這樣的防禦手法稱為**多層防禦**。

防火牆不會攔截所有的存取，而是開放特定收發位址與通訊協定的存取通過。非軍事區負責處理外部的資安威脅，是由許多伺服器與設備所組成，相關細節後面會做進一步的說明。

圖6-7 以資安防護的視點來看實體配置的示意圖

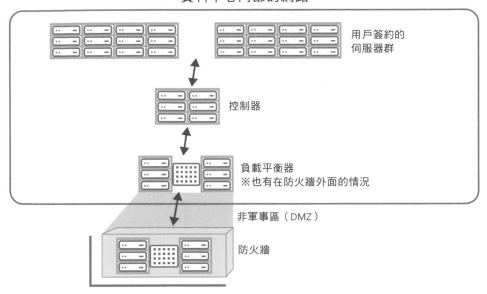

資料中心內部的網路

用戶簽約的
伺服器群

控制器

負載平衡器
※也有在防火牆外面的情況

非軍事區（DMZ）

防火牆

圖6-8 防火牆與非軍事區的功用

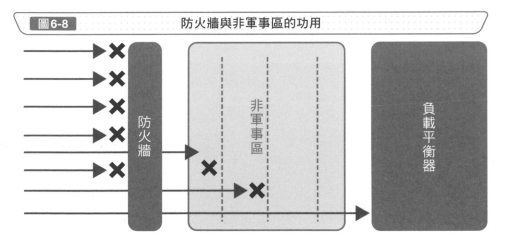

防火牆

非軍事區

負載平衡器

● 防火牆允許特定收發IP位址、通訊協定的存取通過
● 非法存取、惡意攻擊等會在防火牆與非軍事區遭到阻擋
● 事前制定規則，僅讓合法獲得許可的資料通過

Point

✐ 在抵達用戶利用的伺服器之前，雲端還有防火牆、非軍事區。
✐ 在多層防禦底下，防火牆不會攔阻所有的存取。

» 資料中心的壁壘

內部與外部的存取對策

說到網路的資安防護，馬上就會聯想到**防火牆**。防火牆是**在內部網路與網際網路的交界處，管理通訊狀態、守護資訊安全的機制總稱。**

防火牆的功能存放在實體伺服器裡，表示成防火牆伺服器後，就容易由外觀看出來。圖 6-9 的上圖是，由企業組織向外連線至網際網路時的防火牆定位。

小規模企業的防火牆可由一台專用的路由器處理，就客戶端來看，則可由結合代理連線網際網路的 Proxy 與其他功能的一台伺服器負責。

另外，由內部到外部時通常採取性善說，現在多為部分例外、其餘盡可能通過的設計。與此相對，由外部到內部時採取性惡說，必須通過適當的認證等一部分的條件才允許通訊（圖 6-9 的下圖）。

資料中心的防火牆

如 **1-11** 所述，資料中心設置了大量的伺服器。大規模的資料中心具有數以萬計的伺服器群，與負責伺服器通訊的大量網路設備，物理上**也有發揮防火牆功能的伺服器**。

由於實體伺服器搭載於機架上，難以辨別哪個伺服器發揮防火牆的功能，但就如同圖 6-10 是相當厚的壁壘。與一般企業相比，為數眾多的外觀也令人感到比較安心。

圖6-9　由企業組織的內部來看防火牆的定位

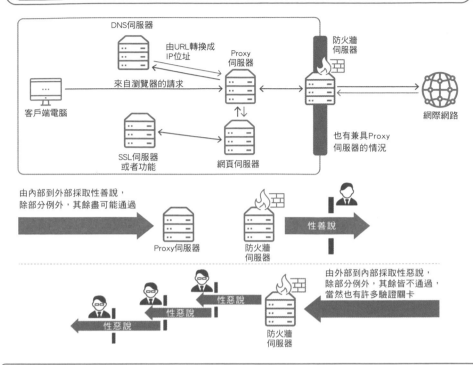

DNS伺服器

由URL轉換成
IP位址

Proxy
伺服器

防火牆
伺服器

客戶端電腦

來自瀏覽器的請求

網際網路

SSL伺服器
或者功能

網頁伺服器

也有兼具Proxy
伺服器的情況

由內部到外部採取性善說,
除部分例外,其餘盡可能通過

Proxy伺服器

防火牆
伺服器

性善說

由外部到內部採取性惡說,
除部分例外,其餘皆不通過,
當然也有許多驗證關卡

性惡說

性惡說

性惡說

防火牆
伺服器

圖6-10　防火牆規模的差異

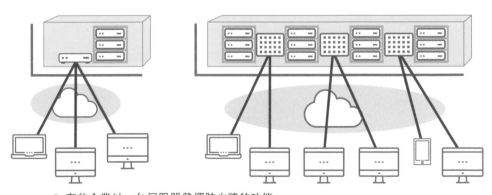

● 有些企業以一台伺服器發揮防火牆的功能
● 資料中心具有多數的伺服器與網路設備,真的就像是在建造高牆

Point

📝防火牆是在內外部網路的交界處,守護資訊安全的機制總稱。
📝資料中心是以多數的伺服器與網路設備作為防火牆來強化防守。

» 在防火牆後面的非軍事區

非軍事區的結構

防火牆位於內外部的交界處，由於僅外部（網際網路）→防火牆→內部網路會有危險，為了防止入侵內部網路，防火牆與內部網路之間會設立非軍事區。非軍事區稱為 **DMZ**（DeMilitarized Zone），是保護內部網路的機制。

日本的古城會設置兩、三層的護城河，DMZ 就像是到達本殿之前的二之丸、三之丸的配置（圖 6-11）。

DMZ 的設置目的是，萬一攻擊真的突破防火牆，也不會危及內部網路。因此，DMZ 設置了許多檢查點。如圖 6-12 所示，DMZ 原本分為專用硬體追加資安功能的方法與以軟體控制的方法。

DMZ 是專用的網路

DMZ 是連接到防火牆的**資安專用網路**，有時會稱為 DMZ 網路。為了發揮作為非軍事區的功能，實體上**會在入口處設置具有資安防護功能的伺服器、網路設備**。若是按照功能劃分，有時會整合成單一伺服器或者專用裝置，後者會稱為 UTM（Unified Threat Management：綜合威脅管理）。

若是企業的規模，僅有單一 UTM 也有辦法對應，而資料中心由於流量龐大，會採取根據規模增設 UTM 的型態。

下一節來講解 DMZ 網路入口的主要機能。

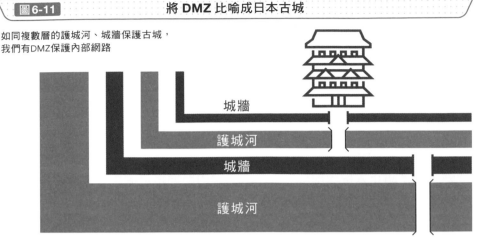

圖 6-11 　　　　　　　　將 DMZ 比喻成日本古城

如同複數層的護城河、城牆保護古城，
我們有DMZ保護內部網路

城牆

護城河

城牆

護城河

圖 6-12 　　　　　　　　DMZ 原本有兩種流派

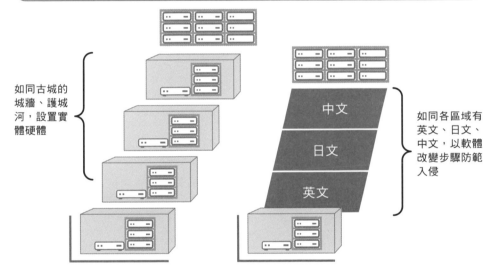

如同古城的
城牆、護城
河，設置實
體硬體

中文

日文

英文

如同各區域有
英文、日文、
中文，以軟體
改變步驟防範
入侵

● DMZ 原本分成在硬體上追加防火牆功能的方法與以軟體控制的方法，但如今可說與虛擬化技術
融為一體

● 在雲端服務的發展初期，企業組織難以自行建構，光是提供 DMZ 就令人感激

Point

✐ 在防火牆與內部網路之間，設置作為非軍事區的 DMZ。

✐ DMZ 的真面目是資安系統專用的網路，於入口處設置具備資安防護功能
的伺服器。

» 非軍事區的入口

防範攻擊、入侵的系統

上一節講解了 DMZ 的入口具有 UTM 等資安防護功能，下面就來看一些具體的範例。

由於目的是想防範來自外部的攻擊、入侵，DMZ 的前台端是由下述系統所構成（圖 6-13）：

- **入侵檢測系統（IDS**：Intrusion Detection System）
  如同我們的日常生活中監視器檢測異常行動，IDS 會將預定之外的通訊事件偵測為異常。在資安對策上，能夠釐清可能遭受的攻擊型態。
- **入侵預防系統（IPS**：Intrusion Prevention System）
  自動阻擋異常的通訊，當被判斷為非法存取、攻擊後就無法再次存取。

這些系統會統稱為 IDS／IPS、IDPS 等，扮演著重要的角色。

日誌分析的價值

除了 IDS／IPS 外，加上後面會解說的防毒處理、郵件檢測等，就能夠對抗圖 6-6 揭示的惡意攻擊。

另外，為了充分發揮 IDS／IPS 等的資安防護功能，還需要**累積並分析過去的非法、惡意通訊日誌**，根據該分析釐清後續的存取是否為攻擊（圖 6-14）。

各家雲端業者在日誌分析方面擁有高深的知識技術。在資料中心、雲端基礎標準化的過程中，仍存在擅長網路技術、系統開發的業者，或許與具有這樣入微的知識技術有關也說不定。

圖6-13　**DMZ 網路的配置範例**

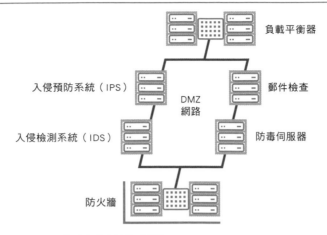

負載平衡器

入侵預防系統（IPS）

郵件檢查

DMZ 網路

入侵檢測系統（IDS）

防毒伺服器

防火牆

- DMZ網路在防火牆後面展開
- 排列具有各種功能的伺服器
- 分成各機箱以便強化各項功能、對策
- 一般企業等有時會整合成單一機箱當作UTM

圖6-14　**在資安上極為重要的通訊日誌分析系統**

②分析結果會反映到後續的IDS／IPS等處理

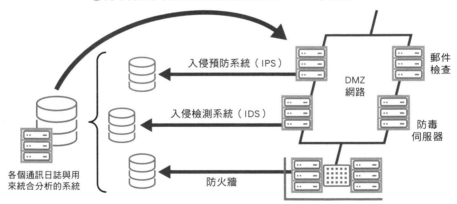

入侵預防系統（IPS）

郵件檢查

DMZ 網路

入侵檢測系統（IDS）

防毒伺服器

防火牆

各個通訊日誌與用來統合分析的系統

①提供日誌給分析系統

- 雲端業者持有日誌分析專用的資料庫系統
- 這同時也是資安對策的關鍵

Point

🖉 DMZ 的入口設置了檢測入侵的系統。

🖉 在雲端業者的資安對策中，通訊日誌的分析是重要的存在。

≫ 防毒對策與軟體更新

雲端業者的防毒對策

病毒感染的原因很多,但通常是客戶終端、用戶的行為所引起。

其中,新聞媒體也常報導的病毒感染原因,如瀏覽外部網站、點擊郵件內的連結、開啟郵件附帶的檔案、下載的程式以及 USB 隨身碟等媒體的接續等。

就雲端業者而言,僅需做好連線雲端服務範圍內的防毒對策即可,所以與現實中企業組織設置的**防毒伺服器**幾乎沒有什麼不同。

防毒伺服器的功能

如圖 6-15 所示,防毒伺服器會與防毒軟體公司的伺服器連結,**取得並更新最新的病毒定義程式**,接著必要的伺服器套用最新的病毒定義程式。

如 **3-8** 所述,對簽約 VDI 服務的企業組織來說,能夠使用採取最新防毒對策的虛擬桌面,令人感到安心。

同樣地,軟體也是隨時推陳出新。

軟體的更新分為功能追加、版本升級等功能提升,與正常運行的錯誤修正等(圖 6-16),同時也具有消除軟體產品**漏洞**(Vulnerability)的含意。

Windows 電腦有時需要操作 Windows Update 下載套用更新的程式,而雲端、VDI **能夠讓用戶沒有意識到地使用最新版本**,非常便利。

圖6-15　防毒伺服器的概要

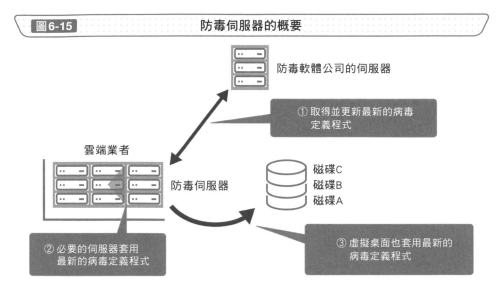

防毒軟體公司的伺服器

① 取得並更新最新的病毒定義程式

雲端業者

防毒伺服器

磁碟C
磁碟B
磁碟A

② 必要的伺服器套用最新的病毒定義程式

③ 虛擬桌面也套用最新的病毒定義程式

圖6-16　軟體更新的概要

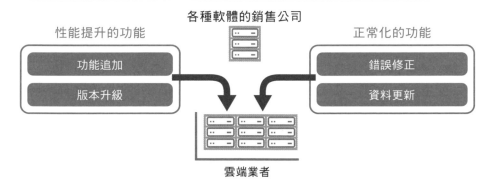

各種軟體的銷售公司

性能提升的功能

功能追加

版本升級

正常化的功能

錯誤修正

資料更新

雲端業者

小知識：Patch（補丁）
部分修正作業系統、應用軟體等的程式，執行該修正的程式數據。有時也稱為資料更新

小知識：PTF（Program Temporary Fix：一併修正）
一併修正軟體缺陷的程式數據。整合提供功能追加、故障修正的程式

小知識：PUF（Program Urgent Fix：緊急修正）
發生緊急程度高且無法等到修正程式發布故障排除時所提供的修正程式

Point

🖉 雲端業者的防毒對策與企業組織類似，但即時套用最新的病毒定義碼。

🖉 由於軟體產品也是隨時更新，所以可針對漏洞施行對策。

» 其他的資安對策

一般的資安對策

到上一節為止，主要解說了網路通訊特有的資安對策。當然，雲端業者也會採取如下的驗證機制、資料加密等對策（圖 6-17）：

- **用戶的存取與利用限制**
  - **驗證機制**：以用戶名稱、密碼、憑證等進行驗證
  - **利用限制**：提供管理人員、開發人員、成員等權限設定的角色（Role），根據業務需求指派角色（主要是資料中心內部）。這又稱為角色式存取控制（Role-based Access Control：RBAC）。
- **資料加密**
  - **傳送資料的加密**：VPN、SSL 等
  - **保管資料的加密**：寫進儲存器時進行加密等
- **追蹤監視非法利用**
  追蹤並監視可疑份子的利用。

在當今企業組織利用網際網路的系統，這些也是常見且必要的對策。

嚴密的伺服器存取控制

雲端業者的存取控制系統是，控制資料中心就職人員的驗證、存取限制等是否遵從資安政策。

存取控制的系統是由統一管理驗證用戶的目錄服務伺服器、控管存取的強制存取控制機制、判斷合法存取並留下日誌記錄的稽核機制等所構成（圖 6-18）。

部分的大型企業等也有導入存取控制系統，進行**嚴密的控制**。

圖6-17 網路服務上的一般資安對策

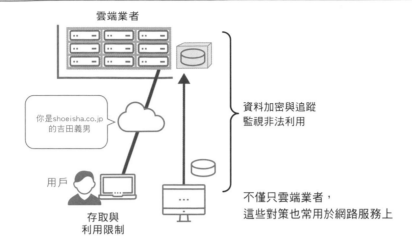

雲端業者

你是shoeisha.co.jp的吉田義男

用戶

存取與利用限制

資料加密與追蹤監視非法利用

不僅只雲端業者，這些對策也常用於網路服務上

圖6-18 資料中心內部的存取控制範例

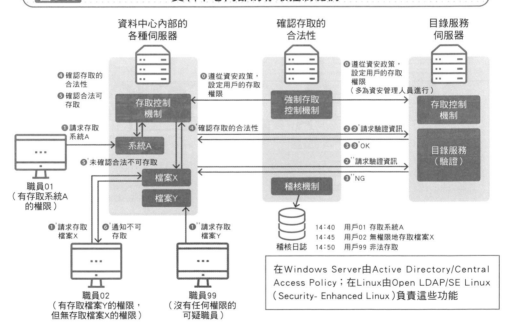

資料中心內部的各種伺服器

確認存取的合法性

目錄服務伺服器

❹確認存取的合法性
❺確認合法可存取

❶請求存取系統A

職員01（有存取系統A的權限）

存取控制機制

系統A

檔案X

檔案Y

❶請求存取檔案X

❻通知不可存取

職員02（有存取檔案Y的權限，但無存取檔案X的權限）

❶″請求存取檔案Y

職員99（沒有任何權限的可疑職員）

❺′未確認合法不可存取

❹′確認存取的合法性

❶遵從資安政策，設定用戶的存取權限

強制存取控制機制

稽核機制

❷❷′請求驗證資訊

❸❸′OK

❷″請求驗證資訊

❸″NG

❶遵從資安政策，設定用戶的存取權限（多為資安管理人員進行）

存取控制機制

目錄服務（驗證）

14:40　用戶01 存取系統A
14:45　用戶02 無權限地存取檔案X
稽核日誌　14:50　用戶99 非法存取

在Windows Server由Active Directory/Central Access Policy；在Linux由Open LDAP/SE Linux（Security- Enhanced Linux）負責這些功能

非功能性需求與資安防護

非功能性需求（Non-functional requirement）是指那些不會影響功能運作，但卻是系統上不可或缺的存在，像是可用性、效能、操作與安全性。不過，雲端服務普及後，情況有了變化，現在選擇每項功能時，都可以決定是否要附加啟用安全性或操作。

第 6 章解說了 IDS ／ IPS、防毒對策、郵件檢查，日誌分析、專門用於網頁應用程式的防火牆等。其中，IDS ／ IPS 也有包含防範攻擊（如 DDos 攻擊等）的處理方式，這些都隨業務需求而異，所以需要檢討哪些是必須具備的功能。如圖 6-6 所示，首先要考量的是，來自內外部的非法存取與攻擊。

確認資安威脅的範例

以圖 6-6 為例，標記或者圈出實際可能發生的資安威脅。若有新威脅，則再加上文字敘述。在前面範例的檔案伺服器中，可縮小範圍到內側的圓角四角形部

企業組織預想的內外部非法存取

傳送垃圾郵件
（藉此崩潰伺服器、妨害業務）

外部的非法存取

外部的非法存取

如撞擊方盒邊角地突擊
作業系統的漏洞

內部的非法存取

內部的
非法存取

帶有可疑附件的郵件
（藉此入侵系統）

傳送大量的資料、封包
（藉此崩潰伺服器）

知名網站的
身分竊盜網站

引誘從業人員點擊
身分竊盜網站等
（藉此入侵系統）

雲端的導入

～整頓環境～

≫ 立即開始使用雲端

選擇式問題與模範答案

決定「開始使用雲端」後，只要在業者網站上填寫必要事項，馬上就能夠使用雲端服務。雖然申請後立即可使用相當方便，但仍得事前理解各業者共通的「**選擇式問題**」，並準備好自己的「**模範答案**」（圖 7-1 ）。

就地部署的設備能夠變動，可活用每次的工程、進展時間來思考問答；而雲端的設備不可變動，得遵循網站的引導選擇或者填寫答案。若是個人嘗試，即便不準備答案也沒有問題，但企業組織的利用申請就是另一回事了。

共通問題與解答

雲端業者共通問題的解答細節留到第 8 章講解，其內容的概要如下（圖 7-2 ）：

- **設置伺服器、系統的場所**
  分別稱為設置地域與可用區域。
- **伺服器等的性能**
  遵從性能評估，選擇接近期望的性能。
- **備份的場所與方法**
  通常選擇與正式系統不同的場所，方法也比就地部署容易。
- **VPC 的網路配置**
  定義非機箱而是機房的虛擬私有雲網路。這是比較困難的問題之一。

其中也有困難的問題，建議事先做好預習。

圖7-1 雲端的申請與利用

在哪個地域的資料中心設置系統等

雲端業者

填寫雲端業者網站上的問題
※通常為選擇題

用戶

雲端業者的資料中心

用戶

● 順利填寫完問題後，
  立即就可使用雲端系統
● 根據填寫的內容，
  完成虛擬伺服器、網路配置

包含選擇題在內，若能事前準備好答案，
就能夠從容順利地實踐雲端化！

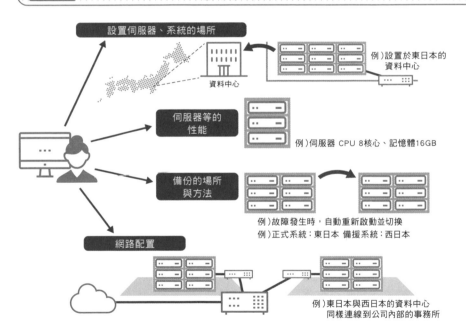

圖7-2 共通問題與解答的範例

設置伺服器、系統的場所

資料中心

例）設置於東日本的資料中心

伺服器等的性能

例）伺服器 CPU 8核心、記憶體16GB

備份的場所與方法

例）故障發生時，自動重新啟動並切換
例）正式系統：東日本 備援系統：西日本

網路配置

例）東日本與西日本的資料中心
同樣連線到公司內部的事務所

Point

✎ 填寫業者網站上的問題後，立即就可提供雲端系統。

✎ 需要從容地事前準備好答案。

» 釐清想要搭載於雲端的系統

系統化的範圍與系統配置

1-3 解說了企業組織考慮雲端導入的契機，可能是在檢討新系統或者在更新既存系統的時候。不管是哪種情況，都存在預計搭載於雲端的候補系統。因此，第一步是釐清目標系統是什麼樣的系統。

再講得具體一點，就是如圖 7-3 **設想系統化的範圍與大概的系統配置**。

如例 1 相對簡單的情況，立即可知就地部署、雲端環境都能夠實踐。而如例 2 稍微困難的情況，由於是全新的系統，難以及早確定數據流量、處理。若是邊運行邊靈活變更的雲端環境，感覺就能夠達成要求。

當然，關於系統化的範圍與配置，即便是由當下前提條件、需求可設想的水準也沒有關係，如圖 7-3 畫出草圖與相關人員共享，就能夠確認方向性。

不可忘記系統企劃的工程

前面講解了釐清系統化範圍與系統配置的具體方式，這些定位為事前工程的系統企劃，用來決定系統開發的條件、要求（圖 7-4）。

在舊有的業務與業務系統中，如圖 7-3 例 1 的檔案伺服器等已獲得共通認識的系統，系統企劃不會占用太多的時間，但如例 2 經驗者不多或者是新系統，就需要花費比較多的程序。不管是稱為系統化的範圍與配置還是系統企劃，都是檢討任何系統時**期望付諸執行的工程**。

圖7-3 釐清系統化的範圍與系統配置

系統化的範圍：系統的內容或者
其範圍

系統配置：粗略大概的系統配置

【例1：簡單的情況】

更新總公司人事部
與總務部的檔案
伺服器

檔案
伺服器

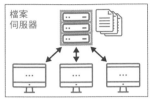

一台伺服器有30位人事職員與
20位總務職員存取

就地部署或者雲端環境
都能達成要求

【例2：有經驗者不多或者是全新的系統】

基礎店鋪的商品架上設置監視器，
藉由AI自動判斷熱銷商品，
定期傳送該資訊至各店鋪的新系統

● 熱銷商品的判斷由實裝於店鋪邊緣系統的AI執行
● 當前希望累積圖像與判斷結果至伺服器
● 定期傳送資訊至各店鋪也是由伺服器進行

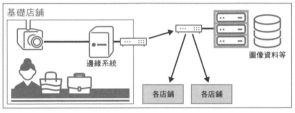

就地部署難以達成要
求，但若換成雲端就
有可能實踐（感覺數
據量龐大，無法事前
預測）。

圖7-4 系統企劃在開發工程上的定位

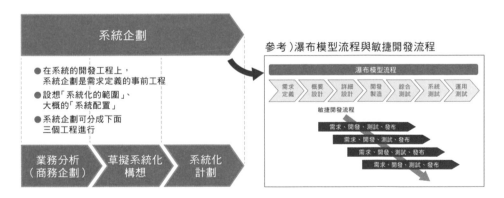

系統企劃

● 在系統的開發工程上，
系統企劃是需求定義的事前工程
● 設想「系統化的範圍」、
大概的「系統配置」
● 系統企劃可分成下面
三個工程進行

業務分析
（商務企劃）

草擬系統化
構想

系統化
計劃

參考）瀑布模型流程與敏捷開發流程

瀑布模型流程

需求
定義

概要
設計

詳細
設計

開發
製造

綜合
測試

系統
測試

運用
測試

敏捷開發流程

需求、開發、測試、發布
需求、開發、測試、發布
需求、開發、測試、發布
需求、開發、測試、發布

Point

✎ 為了釐清預計搭載於雲端的系統，需要共享系統化的範圍與大概的系統
配置。

✎ 說到系統的開發工程，系統企劃是工程中的重要程序。

» IT 戰略與整合性

是否符合 IT 政策？

為了業務效率化、商務優先，會想要導入新的系統、伺服器或者簽約雲端服務等，系統的導入有著各式各樣的動機與目的。此時，需要確認的是，根據 IT 政策、資訊系統部門等作成的指南方針。

IT 政策是，有系統地整合企業組織的資訊技術、系統活用的規程，包含戰略、基本方針、體制、運用等內容。IT 政策會定期進行評鑑，經由 PDCA 循環修改成更棒的內容（圖 7-5）。

考慮中的系統、伺服器或者雲端服務**是否符合 IT 政策？**確認規程文章的內容是最確實的做法。如 **2-1** 所述，現在是連政府都提倡「Cloud by Default」的時代，雲端服務的檢討本身已經受到普遍的認識。

是否具有雲端的實績？

雖說如此，如果不是很瞭解，不妨請教資訊系統部門的同仁。

此時，除了 IT 政策、指南方針的存在與內容外，從系統、購入伺服器與簽約雲端服務的預算、書面申請方式、決策者的意思，到調度、手續、導入、開始運行等方面，都建議要確認清楚（圖 7-6）。

另外，部分企業組織**禁止將秘密資訊等傳至外部網路**，當中存在特定的組織也是不爭的事實。

若是公司內部已經有運用雲端服務的實績，就沒有什麼問題吧，但為了謹慎起見，還是要瞭解一下 IT 政策、指南方針。

圖 7-5　　　　　　　　　IT 政策的概要

IT政策：

有系統地整合企業組織資訊技術、
系統活用的規程

IT戰略、基本方針、體制、
運用等的整理內容，
包含在資安政策裡

- 冗長的 IT 政策可能是超過數十頁 A4 紙張的內容
- 最近，IT 政策通常公開於企業組織的內部網站

圖 7-6　　　　　　　　與資訊系統部門的商量

請教資訊系統部門

除了與 IT 政策、指南方針的整合性外

公司內部的手續
- 購入預算
- 書面申請方式
- 決策者的意思

調度與運用
- 調度（下單）
- 各種安排
- 實際導入
- 開始運行後的管理

- 有些企業可能不是資訊系統部門，
  而是求助總務部門、經營管理部門等

Point

✐ 確認雲端的利用是否符合公司的 IT 政策、指南方針。
✐ 也要一併確認經由雲端服務傳至外部網路的資料、資訊內容。

≫ 導入程序的差異

就地部署的 IT 設備導入作業

在 **7-2** 釐清系統化範圍與系統配置的概要，若是組織導入雲端沒有問題，剩下就是逐步推進完成。這一節會重新確認就地部署調度 IT 設備，與利用雲端業者持有的 IT 設備，兩種情況的程序差異。

如圖 7-7 所示，就地部署是**遵循性能評估來選定安排**系統的 IT 設備。然後，**將購入的設備設置於指定的場所，進行環境建構作業**。其中，有些企業組織可能會委託 IT 供應商等處理所有的程序，但自行實踐需要這類與 IT 設備相關的**導入作業**。設備的數量愈多，評估、安排所花費的時間也就愈多，而肉體勞動的設置也是數量愈多愈辛苦。當然，環境建構也會遇到同樣的問題。

雲端的性能評估差異

即便採用雲端環境，也需要進行性能評估。但是，如後面所述，雲端的情況有些許不同，伺服器等選定好後立即就可完成安排，有別於就地部署的辛苦肉體勞動，**不需要實體機器的設置作業**。環境建構的進行也比就地部署來得快速（圖 7-8）。另外，如第 5 章所述，運行後的應用經過模組化。比較插圖可知，雲端遠比就地部署來得輕鬆。當然，各項作業需要時間來消化，但作業的數量愈多，選擇雲端會顯得更加輕鬆。

光是體驗過從導入到運行的一連串程序，就愈多用戶選擇投向雲端的懷抱。需要擔心的反而是，省去這些作業可能導致細瑣的技能變得生疏。

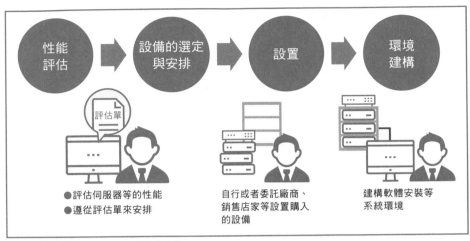

圖 7-7 就地部署的 IT 設備導入作業

性能評估 ➡ 設備的選定與安排 ➡ 設置 ➡ 環境建構

●評估伺服器等的性能
●遵從評估單來安排

自行或者委託廠商、銷售店家等設置購入的設備

建構軟體安裝等系統環境

※各項程序需要時間來消化，數量愈多愈辛苦

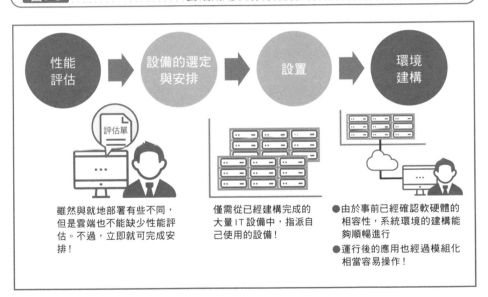

圖 7-8 雲端的導入作業輕鬆

性能評估 ➡ 設備的選定與安排 ➡ 設置 ➡ 環境建構

雖然與就地部署有些不同，但是雲端也不能缺少性能評估。不過，立即就可完成安排！

僅需從已經建構完成的大量 IT 設備中，指派自己使用的設備！

●由於事前已經確認軟硬體的相容性，系統環境的建構能夠順暢進行
●運行後的應用也經過模組化相當容易操作！

Point

✎ 就地部署的 IT 設備導入，包含性能評估、設備選定與安排、設置、環境建構的程序。

✎ 雲端省去了設備選定與安排、設置。

≫ 目標的確認與設定

雲端活用的三個目標

直接運用雲端或者從就地部署系統移轉的情況愈發增長，但並非所有的企業組織都有使用雲端，也存在系統全面雲端化的企業。

雲端導入的時候，必須確認所屬組織等設定的目標。**2-3** 解說了混合雲的活用模式，而企業組織的目標通常為下述三者之一（圖 7-9）：

- **全部系統就地部署**

  可能有必須就地部署的原因，或是轉移困難等。

- **雲端與就地部署並存**

  根據系統選擇最佳的基礎架構，最終形成共存的型態。

- **全部系統雲端化**

  雖然尚有就地部署的系統，但最終目標是系統全面雲端化。

當然，還有公有雲、私有雲與兩者併用的選項。

雲端活用的三個階段

轉為雲端的意志愈強，雲端系統就會跟著愈多，公有雲可檢討使用 VPC 或者建構私有雲，最終目標是以多重雲使用最佳的基礎架構。由許多企業的努力成果來看，可如圖 7-10 彙整成沿循雲端利用視點的規劃圖、**階段**。當然，這也與整個 IT、數位化的搭配有所關聯。請先確認自身的企業組織現在處於哪個階段，再來檢討近期的導入。

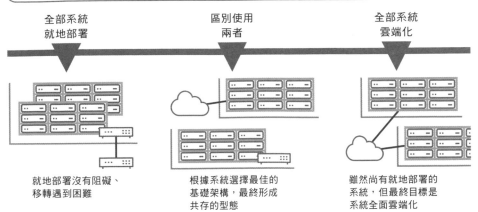

圖7-9 包含雲端與就地部署的三個目標

全部系統
就地部署

區別使用
兩者

全部系統
雲端化

就地部署沒有阻礙、
移轉遇到困難

根據系統選擇最佳的
基礎架構,最終形成
共存的型態

雖然尚有就地部署的
系統,但最終目標是
系統全面雲端化

● 沒有哪個是正確答案
● 根據自身所屬組織的目標,努力的方向會有所不同

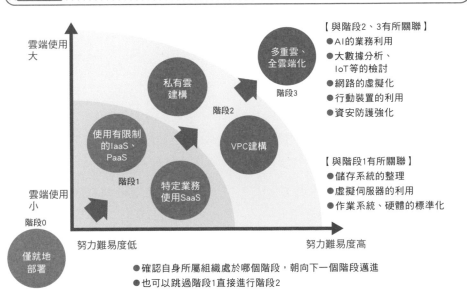

圖7-10 雲端活用的階段

雲端使用
大

雲端使用
小

多重雲、
全雲端化

私有雲
建構

使用有限制
的IaaS、
PaaS

VPC建構

特定業務
使用SaaS

階段3

階段2

階段1

僅就地
部署

階段0

努力難易度低

努力難易度高

【與階段2、3有所關聯】
● AI的業務利用
● 大數據分析、
　IoT等的檢討
● 網路的虛擬化
● 行動裝置的利用
● 資安防護強化

【與階段1有所關聯】
● 儲存系統的整理
● 虛擬伺服器的利用
● 作業系統、硬體的標準化

● 確認自身所屬組織處於哪個階段,朝向下一個階段邁進
● 也可以跳過階段1直接進行階段2

Point

✎ 雲端導入的時候,根據最終目標是否為全面雲端化等考量,努力方向會
　有所不同。
✎ 確認當前的階段,朝向下一個階段邁進。

» 雲端業者的選定

選擇業者時的三個視點

活用雲端的時候必須選擇業者。雖然各家業者貌似差異不大,但還是得確認基本的重點。除了服務、技術與業者的視點外,**用戶能否無壓力地開發應用?**也是雲端利用的重要視點(圖 7-11):

【服務與技術】

- 共通技術的提供:提供虛擬化、API 等廣泛使用的技術
- 多樣的服務、外部協作:有想要的服務、與其他公司的協作
- 設置地域、可用區域的豐富度:日本國內與海外據點的充實度
- 第三方認證:資安防護等的第三方認證
- 新技術對應:能夠利用 AI、IoT 等新技術
- 高信賴性:沒有突然服務中斷等情形

【企業業者】

- 雲端商務的實績:有許多企業組織利用
- 企業的可信賴性:長年的實績、發生醜聞時的處理態度等
- 事業規模、未來性:能夠長期提供服務
- 個性、背景、交易紀錄:特色與過去的交易等

【用戶視點】

- 服務、技術資訊的公開:用戶能夠自行使用、變更
- 支援體制:僅線上支援、有專任負責人等
- 成本花費:相同的服務傾向選擇低價格

商務模式也要考量

近年,由於私有雲的建構普及,各家業者也逐漸改變**商業模式**(圖 7-12)。當然,各家業者會結合基礎業務的強項來提供,選擇時不妨也考量這個部分。

圖7-11　選擇業者時的三個視點

服務與技術

共通技術的提供
多樣的服務、外部協作
設置地域、可用區域的豐富度
第三方認證
新技術對應
高信賴性

基本上選擇服務與技術
符合需求的業者

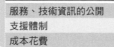

VMWare、物件儲存器、各種API、
容器化的對應等

- ISO ／ IEC 27001 資訊安全管理系統
- ISMS＋ISO ／ IEC 27017 業者的雲端
  資安管理
- ISMS＋ISO ／ IEC 27018
  雲端上的個人資訊
- SOC2 美國公認會計師協會制定的基準
- PCI DSS 信用卡資訊的處理

企業業者

雲端商務的實績
企業的信賴性
事業規模、將來性
個性、背景、交易紀錄

觀察每年、
每季的變化

注意商務模式
的變化

用戶視點

服務、技術資訊的公開
支援體制
成本花費

- 理想情況是資訊公開，能夠順暢地建構運用
- 疑點排除、故障發生時，電郵、電話、人員、
  專任負責人等的營業時間內、24 小時的對應，
  會因服務而有所不同
- 其中，用戶也包含負責營業的業者

在服務與技術、企業業者上猶豫不定時，
不妨從用戶的視點來判斷！

圖7-12　商務模式的變化

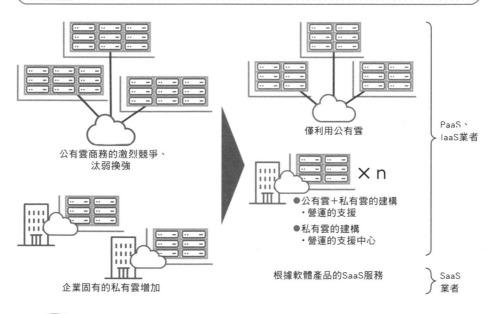

公有雲商務的激烈競爭、
汰弱換強

企業固有的私有雲增加

僅利用公有雲

×n

- 公有雲＋私有雲的建構
  ・營運的支援
- 私有雲的建構
  ・營運的支援中心

根據軟體產品的SaaS服務

PaaS、
IaaS業者

SaaS
業者

Point

✐在選擇雲端業者時，基本上除了提供的服務與技術，也可以加入事業的
持續性、用戶視點來判斷。

✐雲端業者的商務模式也要參考觀察。

» 雲端業者的概要

雲端業者的四種分類

雲端業者林林總總,分別提供共通或者獨家的服務,各業者具有不同的特色。當他人向筆者尋求建議時,我會根據商務的**發展背景**來分析。如圖 7-13 所示,雲端業者可粗略分成四種:

- **三大巨頭供應商**:擁有超大規模的網路商務、包含個人資料的處理經驗
- **IT 大廠&資料中心**:以開源軟體為基礎提供服務,擁有大規模系統的建構實績、雲端普及前的資料中心商務經驗
- **通訊業者**:活用作為通訊業者的基礎,提供雲端服務
- **ISP &主機租借**:活用 ISP、主機租借的經驗,提供具有獨特性的服務

除此之外,還有在海外強勢發展的業者、專攻製造業等不同產業的業者等。

雲端業者的其他分類

在選擇雲端業者時,需要著眼現在與未來考量檢討。若是感到猶豫不定,建議可選擇巨頭供應商、利用開源軟體的 IT 大廠。居於領導地位的 **AWS 與 Azure、OpenStack 的相關知識,會是今後雲端工程師必備的能力。**

不妨從過去相關人員的努力成果、交易實績來選擇,各家服務期間可能持續 3 個月到半年,無論最後的結果如何,重要的是選擇符合自身目標的業者。

圖7-13　以發展背景分類業者（IaaS 及 PaaS）

四種分類

【三大巨頭供應商】

- 亞馬遜　作為頂尖供應商，提供先進、由用戶視角出發的多樣服務
- 微軟　結合Windows的實績與通訊系統，以洗練的服務與亞馬遜對抗
- 谷歌　作為先進技術的領頭羊，受到工程師關注其動向

共通點是超大規模的網路商務、包含個人資料的處理經驗與實績
（amazon.com、google、msn）

【IT大廠＆資料中心】

- 富士通　與巨頭供應商同樣從雲端草創期投入，致力於進入日本國內的前三強，以OpenStack為基礎提供服務
- IBM　與巨頭供應商同樣從雲端草創期投入，占據世界五強的一角，以Cloud Foundry、OpenStack為基礎提供服務。
- NEC　以OpenStack為基礎提供服務，SaaS的種類也相當豐富

- 以開源軟體為基礎提供服務
- 強項是擁有大規模系統建構運行的實績、雲端普及前提供資料中心的經驗等

【通訊業者】

- NTT集團　以NTT Communications為中心展開服務
- SoftBank　同時也是IDC Frontier的母公司
- KDDI　與AU智慧手機的合作

活用作為通訊業者的基礎、與行動服務協作提供雲端服務

【ISP＆主機租借】

NIFTY、GMO、IIJ、IDC Frontier、USEN、BIGLOBE、SAKURA、KAGOYA等

活用其ISP、主機租借的經驗，提供具有各公司特色的服務

選擇符合自身目標的最佳業者

海外與業種等

【海外大廠】

- 阿里巴巴
- 騰訊　中國的巨頭供應商，兩者皆為全球的前段班
- Salesforce　大型SaaS的先驅，屬於全球性的領導廠商
- Oracle　資料庫、ERP的老字號公司，觸角逐漸延伸至日本

在全球排名上，與三大巨頭、IBM同樣列入前段班

【不同業種（例：製造業）】

- 日立　Lumada也跨足製造業以外的行業
- 東芝、小松等　以製造業為中心

以作為製造大廠的自家公司經驗，向其他公司提供服務

※除此之外還有其他各種業者，SaaS可調查各項應用程式

Point

✎根據商務的發展背景整理雲端業者，會更容易瞭解彼此的差異。

✎AWS、Azure、OpenStack 的相關知識，會是今後工程師必備的能力。

嘗試看看

考量開發與營運的角色分擔

雲端可說是資訊系統的其中一種型態，包含了系統的開發與營運。當然，相較於就地部署，雲端的導入作業較少、提供常規化的運行、不會觸碰到實體的 IT 設備等等，營運本身相當輕鬆容易。

其中，應該如同過往系統區分開發人員與營運負責人員，還是由開發人員同時負責營運職務，這個問題經常在導入前後被拿出來討論。實際上，小規模的系統經常是開發人員兼顧營運管理。

在開發團隊與營運團隊為不同單位、職務的企業組織中，可能不方便公開討論這個問題，但不妨藉此機會思索看看。下面試著以某系統為例來討論。

檢討項目與範例

項目如下所示，試著簡單填寫空白欄位。

系統名稱	
開發人員的名字、所屬單位	
營運負責人員的名字、所屬單位	
區分的理由、兼顧的理由	

筆者身邊的範例有 RPA 系統，開發與營運是由同一團隊負責。理由是開發後的運行確認、運行監視轉為自動化，以及只有開發人員才能找出運行後發生故障的原因。

根據系統分不分成不同負責人、團隊的理由不盡相同，但在 DevOps 的時代，必須思考如何兼顧開發與營運的同時並行。

朝向雲端的導入

～需要事前準備的事情～

第 **8** 章

≫ 決定系統的設置場所

伺服器的設置場所

　　雲端能夠削減在就地部署中感到辛苦的作業。準備開始雲端服務之前,需要先決定設置地域(**Region**)與可用區域(Availability Zone:通稱 **AZ**)。

　　就地部署的伺服器,是用位址、位置等詞彙表示伺服器的設置場所。位址是指,實體伺服器所設置的事務所、場所等的用語。企業組織在導入 IT 設備時,通常會設置於自家公司持有,或者承租的事務所、資料中心等場所。

　　然而,這些是僅允許相關人員進出的場所。若是職員同仁的對話,彼此能夠理解「將伺服器設置於資料中心」≒設置於東京都港區的事務所,但這樣並不曉得外部人士能否領會那是指東京都港區(圖 8-1)。

　　在雲端環境中,許多企業組織、個人會利用雲端業者提供的服務,**由用戶來決定使用哪個場所的伺服器**。

設置地域的含意

　　地域是指國家或國家中廣大的地區,日本通常區分為東日本與西日本;而可用區域則是指東日本某個資料中心。一般來說,總公司位於東京的企業,會選擇東日本地域東京可用區域為資料中心(圖 8-2)。除了距離近讓人安心的理由外,如 **2-11** 所述,基本上會選擇在準據法、裁判管轄權上不會處於劣勢的地域。大部分的雲端服務都是從選擇設置地域、可用區域開始,相關人員應該事前討論清楚。

　　另外,在可用區域中,自己的房間、空間或者 VPC 會稱為**租戶**(**Tenant**)。

圖 8-1 　　　　　　　　　　考慮伺服器的設置場所

位於東京都港區的A公司電算中心
（資料中心）

若是A公司的職員同仁，能夠理解將伺服器設於資料中心≒設置於東京都港區的資料中心，但對雲端業者來說，需要由用戶指定想要使用哪個地區的哪個資料中心

- 換成雲端用語後，此場所是東日本地域的東京可用區域
- 以前說到地域就是指廣大的地區，例如北美地域≧加拿大＋美國
- 某些企業定義地域＝國家（Country），有些人認為日本應該分成東日本與西日本地域，也有些人認為應該分成北海道、東北、關東等地域，但通常是分成東日本與西日本地域

圖 8-2 　　　　　　　　　設置地域與可用區域的選定範例

雲端業者
東日本地域　　東京可用區域（AZ）

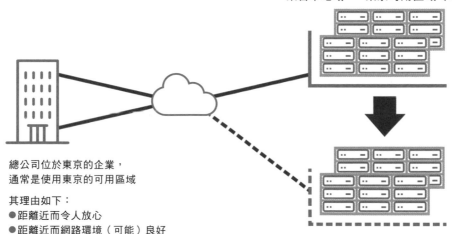

總公司位於東京的企業，
通常是使用東京的可用區域

其理由如下：
- 距離近而令人放心
- 距離近而網路環境（可能）良好
- 在準據法、裁判管轄權（東京地方法院管轄）上不處於劣勢

主要的設置地域、可用區域相對容易決定，困難的是下一節解說的備份環境！

Point

✎ 就地部署當然是就地設置伺服器，而雲端服務則是由用戶指定設置地域。

✎ 設置地域、可用區域通常是選擇總公司所在地的附近。

» 伺服器的備份方法

正式系統與備援系統

上一節解說了需要事前決定設置地域、可用區域。同樣地,我們也需要檢討該如何進行系統的備份。首先,這邊先來整理備份的方法。

即便故障發生仍可繼續運行的系統,稱為容錯系統(Fault Tolerance System)。想要能夠穩定運行,不可不講究故障與備份對策。為了簡單起見,如圖 8-3 以伺服器本體為例來討論。就技術上的觀點而言,存在如**正式系統(Active)與備援系統(Standby)**,事前冗餘準備平時使用的設備和預防萬一的備援設備;與以複數設備分散負載的思維。另外,完全冗餘的網路卡(Network Interface Card:NIC)、電源等,必須準備成兩套系統。由於相當花費金錢,所以主要用於不容許中斷的系統。

熱待機、冷待機與容錯移轉

準備正式系統與備援系統等複數伺服器,稱為冗餘(Redundancy);而由用戶來看,正式系統與備援系統為單一系統,所以又稱為叢集(Clustering)。在就地部署的實體伺服器中,如圖 8-4 所示有**熱備援(Hot Standby)**與冷備援(**Cold Standby**)兩種方法。

雲端也能夠對應熱備援與冷備援,另外還有包含電源、網路等雙重化或者如 **5-8** 的三重化,介於熱備援與冷備援之間的**自動容錯移轉**(Failover),自動重新啟動切換至備援系統的功能。有些雲端業者會將自動容錯移轉列為標準配備,建議可對照確認想要選擇的備份方式與提供的服務。

圖8-3　伺服器故障對策的概要

對象	技術	概要	性質
伺服器本體	伺服器本體	正式系統發生故障時，切換至備援系統	冗餘化
	負載平衡	・分成複數來分散負載，防範故障發生於未然（參見**5-4**） ・當然，也有不降低性能的目的	負載分散

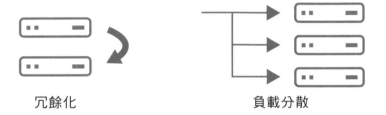

冗餘化　　　　　　　　　　　負載分散

圖8-4　實體伺服器叢集化的概要

伺服器間同步複製資料

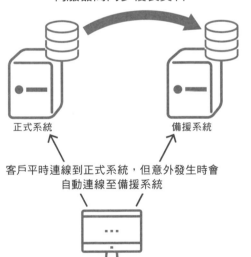

正式系統　　　　備援系統

客戶平時連線到正式系統，但意外發生時會自動連線至備援系統

熱備援

● 準備正式系統與備援系統，提升系統信賴性的方法
● 正式系統的資料即時複製到備援系統，故障發生時立即切換

冷備援

● 同樣準備正式系統與備援系統
● 正式系統發生故障後，才啟動備援系統
● 由於正式系統發生故障後才啟動備援系統，切換過程比較花費時間

Point

🖊 系統的備份是以正式系統與備援系統冗餘化，分為熱備援與冷備援。

🖊 雲端還有介於中間的自動容錯移轉等功能。

» 系統的備份方法

雲端上的備份方法

上一節以就地部署的伺服器為例解說了備份的方法。本節會根據該內容，整理雲端上的系統備份方法，討論在哪個可用區域（也包含同一個可用區域）如何備份某可用區域系統的虛擬伺服器與儲存器。雖然上一節僅提及伺服器的部分，但資料、儲存器也需要進行備份。若是小規模的系統，有些會特化成僅備份資料。

圖 8-5 整理了雲端上的備份方法與思維，直列為上一節提到的冷備援、熱備援等；橫行為伺服器與系統、資料與儲存器等，其中也有活用雲端靈活性的暖備援（**Warm Standby**）。

不斷改變的磁碟評估

如圖 8-5 整理後可知，**備份方法由上而下逐漸對應重要性高、不容許中斷的系統**。若是修復花點時間也沒關係的系統，也存在選擇便宜的儲存器，主要用來備份資料的思維。根據雲端業者的不同，有些也提供這方面的服務。

就地部署為主流的時代是反覆試錯來進行，遇到錯誤就恢復先前的狀態，由於沒有選擇的餘地，所以備份的方式有限。雲端時代的備份具有靈活性與彈性。另外，如圖 8-6 所示，雲端上的磁碟評估變得相當簡單。不妨再確認一次圖 8-5 的三個方法中，哪一個**接近正在檢討的系統要求**。

圖8-5 備份方法與利用上的思維

備份方法	系統／伺服器	資料／儲存器	利用、收費等的思維
冷備援	△	○	・暫時未使用的預備伺服器，比同時運行兩台便宜 ・儲存器需要兩組
暖備援 ※	(○)	○	・準備配備最低限度功能的預備伺服器（有在運行） ・儲存器需要兩組
熱備援	○	○	分別準備與正式系統相同的伺服器及儲存器（有在運行）

※ 也存在僅以預備用的儲存器備份資料的思維。
　另外，在檢討雲端業者的服務時，除了備份方法外，不妨也考慮可用性、SLA

圖8-6 就地部署與雲端的磁碟評估差異

參考：就地部署的磁碟評估範例（RAID6） 各1TB

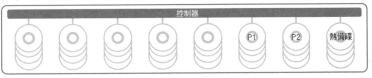

● 在就地部署的磁碟評估，比起準備兩組磁碟（完全雙重化），會優先活用 RAID 等的機制

● 其理由是，磁碟價格昂貴而想要盡可能壓低成本，且雙系統需要額外的設置場所

● 上圖中共有 8 個系統的磁碟並列，具有 8TB 的容量，但 RAID6 模式有 2 個電源、1 個熱備碟，所以實際容量變成 5TB

參考：若是雲端的磁碟評估……

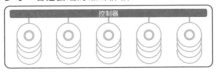 ×2

只需要實體作成其他的備份系統即可

價格比就地部署的長期承租費等還要便宜，能夠不排斥地完全雙重化

Point

✎ 備份方法與系統的重要性成正相關。

✎ 根據系統的重要性，整理備份的方法與思維，進而檢討最佳的配置。

» 備份的場所

使用已經準備好的場所

就地部署的伺服器通常是按照慣例，在正式系統伺服器的附近設置備援系統的伺服器。這是手動重新啟動來切換的時代所遺留下來的做法。的確，若是想要同時確認正式設備與備援設備的情況，會想要設置於鄰近的場所（圖8-7）。

從**災難復原**（Disaster Recovery）的視點來思考會如何呢？曾經有段時期提倡過永續性（Sustainability），致力於能夠長久持續的社會、商務。例如，在某地域發生災害也不會被波及的地域設置備份據點，努力維持商務的正常運行。

雖然有些企業在海外設置備份據點，但就地部署並不容易在其他據點、海外建構備份系統。**若是雲端環境，業者已經在各種場所建立資料中心，用戶僅需要做一些設定就能完成備份**。

從各種備份據點進行選擇

這裡來討論雲端上備份系統的場所（圖8-8）：

● **最為接近的場所～例：同一可用區域**
　切合實際但並未充分活用雲端的環境、性能。

● **次為接近的場所、再次為接近的場所～其他的可用區域**
　同一設置地域的不同可用區域，或者其他設置地域的可用區域。與專用線路、VPN 等的通訊手段也有關聯。

● **最為遙遠的場所～海外地域的可用區域**
　在災難復原上具有顯著的效果，但需要檢討準據法、海外據點的需求。可說是充分活用雲端的性能。

圖8-7 就地部署正式系統與備援系統的設置場所範例

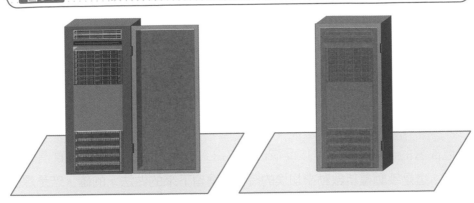

● 企業組織的資訊系統中心，通常是在正式系統的附近設置備援系統

● 具有能夠同時確認兩個系統，與容易以手動重新啟動切換的優點

● 但災害等發生時，具有一併癱瘓的風險

圖8-8 備份系統的場所

例）東京第1資料中心內部

【最為接近的場所】
同一可用區域

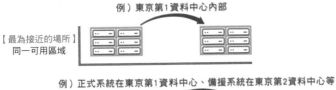

例）正式系統在東京第1資料中心、備援系統在東京第2資料中心等

【次為接近的場所】
同一設置地域的
不同可用區域

例）正式系統在東日本的東京第1資料中心、備援系統在西日本的大阪資料中心等

【再次為接近的場所】
其他設置地域的
可用區域

● 透過雲端實現的
功能

● 若通訊成本、性
能沒有問題，務
必考慮看看

例）正式系統在東日本的東京第1資料中心、備援系統在舊金山的資料中心等

【最為遙遠的場所】
海外地域的可用區域

※ 關於海外的可用區域，需要考量從業人員的便利性、災難復原、準據法、裁判管轄權等

Point

✎ 在考慮備份的場所時，不需要沿循就地部署的思維。

✎ 活用雲端的特長於其他的可用區域建立備份。

» 虛擬伺服器的性能評估

伺服器的性能評估

在雲端業者的網站上，由用戶根據伺服器的性能來選擇配置。尤其，一般的電腦用戶（又稱為 IA 伺服器（Intel Architecture）、x86 伺服器等），通常是以 CPU 核心數、記憶體容量來選擇。**伺服器的性能評估**主要有下述三種方式（圖 8-9）：

- **桌上累算**

  根據用戶要求累算需要的 CPU 性能等。

- **個案、廠商推薦**

  參考類似個案、軟體廠商等的推薦來判斷。

- **工具檢測**

  以工具量測負載、利用狀況，再根據實測值來檢討。

接著，我們來看實際的評估範例。

虛擬伺服器的性能評估範例

以虛擬環境為前提的伺服器性能評估範例，可舉如圖 8-10 伺服器配備包含作業系統的 6 組軟體與 5 組虛擬客戶端的情況。根據過去的個案與軟體廠商的推薦，伺服器端的 CPU 核心數與記憶體以 4 核心、8GB 作為 VMWare 的基準值，而客戶端則以 2 核心、4GB 作為基準。考量數量累加與備用品調整，最後可算出需要 43 核心、85GB 以上的伺服器。

就地部署為了避免安排後的配置變更，必須**根據基準值**計算並且預留餘裕，但雲端能夠評估**大概的基準值**、不留餘裕地邊使用邊調整增加。

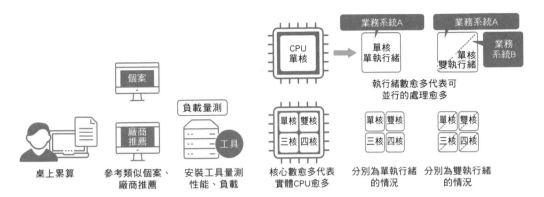

圖 8-9　伺服器性能評估的進行方式

業務系統A

業務系統A

CPU
單核

單核
單執行緒

單核
雙執行緒

業務
系統B

執行緒數愈多代表可
並行的處理愈多

個案

廠商
推薦

負載量測

工具

單核　雙核
三核　四核

單核　雙核
三核　四核

單核　雙核
三核　四核

桌上累算

參考類似個案、
廠商推薦

安裝工具量測
性能、負載

核心數愈多代表
實體CPU愈多

分別為單執行緒
的情況

分別為雙執行緒
的情況

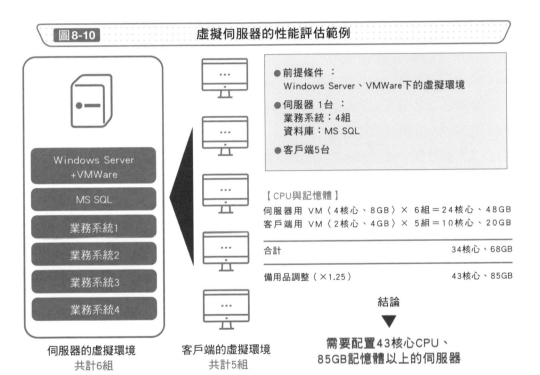

圖 8-10　虛擬伺服器的性能評估範例

Windows Server
+VMWare

MS SQL

業務系統1

業務系統2

業務系統3

業務系統4

伺服器的虛擬環境
共計6組

客戶端的虛擬環境
共計5組

- 前提條件：
  Windows Server、VMWare下的虛擬環境

- 伺服器 1台：
  業務系統：4組
  資料庫：MS SQL

- 客戶端5台

【CPU與記憶體】
伺服器用 VM〈4核心、8GB〉× 6組＝24核心、48GB
客戶端用 VM〈2核心、4GB〉× 5組＝10核心、20GB

合計	34核心、68GB
備用品調整（×1.25）	43核心、85GB

結論
▼
**需要配置43核心CPU、
85GB記憶體以上的伺服器**

Point

- 在虛擬伺服器的性能評估中，需要根據類似個案、廠商推薦的基準值來
  計算。
- 雲端可先做大致上的性能評估，之後再根據實際使用情況調整。

》 從既存系統移轉至雲端

兩階段的移轉

1-3 介紹了企業考慮雲端服務的契機，有新系統檢討與既存系統更新。若是全新的系統，能夠宛若雲端原生般在雲端環境的前提下進行開發，而既有的系統則需要移轉至雲端環境。將系統移轉至其他環境稱為遷移（Migration），但實際的操作過程並沒有那麼簡單。進行遷移的時候，需要如下的兩個階段（圖 8-11）：

階段 1：伺服器的虛擬化
雲端服務基本上是以虛擬環境為前提，在虛擬伺服器上運行的系統相對容易移轉，所以需要先將既存的系統移轉至虛擬環境。

階段 2：移轉至雲端環境
將經過虛擬化的系統移轉至雲端上。工程會因系統的規模、利用軟體的多寡而異。

關於階段 1，過去是以移轉計畫書規定步驟，執行移轉排演（Rehearsal）等作業；近年則是利用虛擬化軟體的遷移工具來進行。當然，若是階段 1 已經完成，則可僅進行階段 2。

移轉至雲端環境

移轉至雲端環境的手段，也有從就地部署的虛擬伺服器遷移至雲端的虛擬環境。然而，考量到想要確實執行；與環境、軟硬體的相容性等原因，愈來愈多情況是**雲端業者端準備專用的實體伺服器**，先暫時複製到該伺服器上再展開遷移（圖 8-12）。扮演這樣角色的實體伺服器，有時會稱為**裸機**（Bare Metal）。

圖8-11 移轉至雲端環境的兩個階段

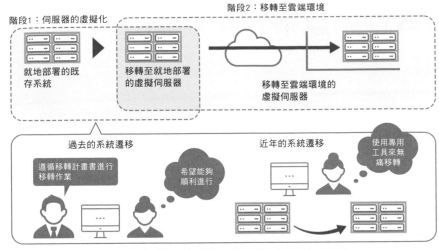

階段2：移轉至雲端環境

階段1：伺服器的虛擬化

就地部署的既存系統

移轉至就地部署的虛擬伺服器

移轉至雲端環境的虛擬伺服器

過去的系統遷移

近年的系統遷移

使用專用工具來無痛移轉

遵循移轉計畫書進行移轉作業

希望能夠順利進行

移轉可能產生額外的工程、費用，需要連同技術性觀點一併留意

圖8-12 使用裸機移轉的方法

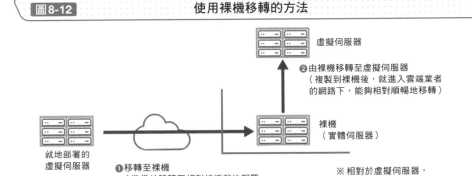

虛擬伺服器

❷由裸機移轉至虛擬伺服器
（複製到裸機後，就進入雲端業者的網路下，能夠相對順暢地移轉）

裸機
（實體伺服器）

就地部署的虛擬伺服器

❶移轉至裸機
（準備並移轉至相對接近就地部署伺服器環境的裸機伺服器）

※相對於虛擬伺服器，實體伺服器稱為裸機

注意事項
●一般來說，系統從就地部署的實體伺服器移轉至虛擬伺服器時，系統的回應性通常會稍微降低
●這是因為虛擬軟體加入作業系統，或者太多虛擬伺服器共享資源而無法避免，但如同無線LAN有時會變得不穩定，用戶只能習慣這個缺點

Point

✎將既存系統移轉至雲端時，通常是先進行伺服器的虛擬化，再移轉至虛擬化的伺服器。

✎從就地部署的虛擬伺服器移轉至雲端環境時，有時會利用雲端業者準備的實體伺服器。

» 私有雲的建構

配置設計的指南

這一節來看建構私有雲的準備範例。選擇自家公司持有的資訊系統資料中心為主要的設置地域與可用區域，試著以這個情況來討論。

私有雲得在自家公司準備 IT 設備與設置場所，需要作成遵循前提條件、系統要求的**邏輯配置圖**與實體配置圖。與公有雲最大的差異在於，由於需要自行安排持有設備，所以需要作成實體配置圖。

在檢討配置時，試著作成發揮重要功能的邏輯配置圖。無論是在自家公司建構私有雲還是在公有雲上實作 VPC，都必須作成邏輯配置圖。

在開始製作之前，相關人員會**共享設計系統配置時的思維**，作成如圖 8-13 的配置設計指南。從中應該能夠看出，這個指南包含了近年的動向。

邏輯配置圖的作成

根據配置設計的方針，嘗試製作邏輯配置圖。就網路部分而言，分別連接外部連線網路、內部網路與其下所屬的各設備。圖 8-14 是 OpenStack 上常見的實際配置。

繼邏輯配置後還有實體配置，但如同這個範例的邏輯配置，如果網路環境良好，也有可能將備份指派給其他據點的可用區域。就地部署通常是在既存的據點內部配置備份，而雲端業者提供的 VPC，可從既存的多數可用區域中選出最佳場所。由於不需要安排設置設備，能夠認同愈來愈多企業將 VPC 列為候補選項之一。

圖8-13 配置設計的指南範例

配置設計的指南
基本方針：重視擴張性、雙重化及備份的配置

配置管理的思維
- 網路
  分成管理網路與有效網路
- 伺服器
  隨著處理量擴大，台數會跟著增加
- 儲存器
  · 隨著容量擴大，需要增設磁碟
  · 主要使用區塊儲存器、備份使用物件儲存器來壓低價格

※省略關於資安防護的部分

圖8-14 邏輯配置圖的範例

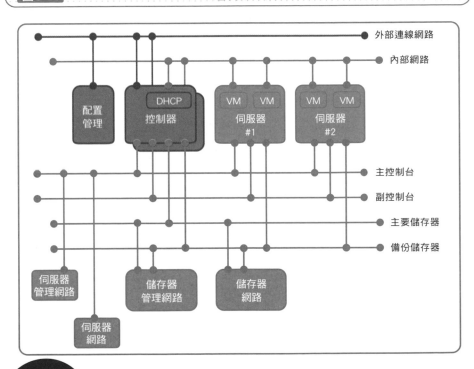

Point

✎ 以配置設計的指南，整理並共享基本方針、配置思維。

✎ 邏輯配置圖是將網路與伺服器等的關係可視化。

≫ VPC 的建構

私有雲與 VPC 的準備差異

上一節看了私有雲的建構準備中,最為重要的邏輯配置圖的作成範例。這一節就來看以相同配置建構 VPC 時的差異、特徵。

第一點是,自行建構私有雲時,與製作小型公有雲一樣,需要伺服器等的配置管理、設置控制器等統一管理全體(圖 8-15 左圖)。

然而,在公有雲上建構 VPC 時,雖然用戶沒有意識到,但雲端業者已經持有控制器,所以可精簡成業務、商務上的必要配置。

第二點是,上一節最後講述的**可用區域、設置地域的自由度**,能夠削減剩下必要的配置,選擇雲端業者準備的複數可用區域。當然,這需要整頓對應可用區域、設置地域的 VPN 與專用線路等環境(圖 8-15 右圖)。

以 VPC 為前提的邏輯配置圖

試著根據圖 8-15 作成 **VPC 的邏輯配置圖**,設置負載平衡器,經由 DNS 的開道器連線至私有子網路(Private Subnet)。VPC 的邏輯配置圖通常是如圖 8-16 的設計。在各個區塊圖形、箭頭上,標示雲端業者的服務名稱會更容易理解,這樣的表記方式已經成為慣例。上一節的邏輯配置圖是從以前沿用至今的表記法,但想要觀察雲端業者的服務差異,這個配置圖會比較容易理解。筆者會建議,先作成如圖 8-14 的傳統型邏輯配置圖,再來製作 VPC 專用的配置圖。

在如這個例子的邏輯配置中,只要網路環境良好,也有可能將備份指派給其他據點的可用區域。

圖 8-15 　　　　自家公司私有雲與 VPC 的差異、特徵

（1）由雲端業者準備管理用的系統

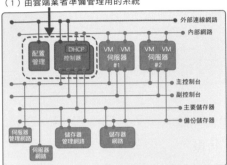

外部連線網路
內部網路

配置管理　DHCP 控制器　VM VM 伺服器 #1　VM VM 伺服器 #2

主控制台
副控制台
主要儲存器
備份儲存器

伺服器管理網路　儲存器管理網路　儲存器網路
伺服器網路

（2）可用區域、設置地域的自由度高

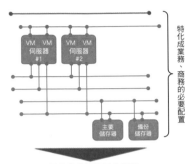

VM VM 伺服器 #1　VM VM 伺服器 #2

主要儲存器　備份儲存器

特化成業務、商務的必要配置

雲端業者的東日本地域

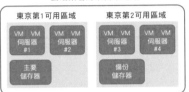

東京第1可用區域　　　東京第2可用區域

VM VM 伺服器 #1　VM VM 伺服器 #2　　VM VM 伺服器 #3　VM VM 伺服器 #4

主要儲存器　　　備份儲存器

只要網路環境良好
● 備份的可用區域不是東京第2也沒有關係
● 可以是不同設置地域的可用區域

圖 8-16 　　　　　VPC 專用的邏輯配置圖

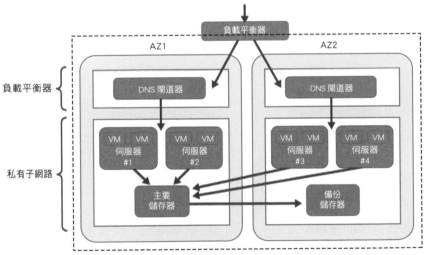

負載平衡器

AZ1　　　　　　　　　　　　AZ2

負載平衡器　DNS 閘道器　　　　DNS 閘道器

私有子網路

VM VM 伺服器 #1　VM VM 伺服器 #2　　VM VM 伺服器 #3　VM VM 伺服器 #4

主要儲存器　　　備份儲存器

● 最後變成常見的配置圖，試著在圖形、箭頭標示服務名稱吧！
● 若是網頁伺服器，可設置於公有子網路內部

Point

✐ VPC 能夠精簡成必要的配置，提升可用區域、設置地域的自由度。

✐ 我們可先作成傳統型邏輯配置圖，再製作 VPC 專用的邏輯配置圖。

嘗試看看

雲端化的事前準備

前面的「嘗試看看」單元中，討論了常見的系統能否雲端化。這裡試著做更為具體的準備，設想在這些系統等的設置地域，該如何進行備份等的實踐項目。

檢討項目與範例

檢討項目如下所述。

請勾選以下表格，如果是你需要的項目，請在□中打勾（✓）。

系統名稱	
設置地域與數量	□東日本　　□西日本　　□海外（國家：　　　） □共計1　　□共計2　　□共計3　　　□共計4以上
備份方式	□僅備份資料 □冷備援　　　□暖備援 □熱備援
可用區域的數量	□共計1　　□共計2　　□共計3　　　□共計4以上
連線方式	□VPN　　□專用線路　　□其他（　　　）
伺服器與儲存器	※ 就瞭解的範圍
其他	

以「部門的檔案伺服器」為例，會勾選東日本地域、數量共計1、僅備份資料、可用區域數量共計1、連線方式為VPN，伺服器與儲存器分別計算，其他的欄位填寫「想要使用便宜的備份專用儲存器」。

完成到這種程度後，就能夠開始選擇相關業者。

用 語 集

[．「➡」後面的數字為相關的正文章節]

Amazon EBS （➡ 2-13）
Amazon Elastic Block Storage 的簡稱，AWS 的基本儲存服務。

Amazon EC2 （➡ 2-13）
Amazon Elastic Compute Cloud 的簡稱，AWS 的基本虛擬伺服器服務。

API （➡ 4-10）
Application Interface 的簡稱，軟體傳輸時的介面規格。

Azure Files （➡ 2-13）
微軟 Azure 上的檔案共享服務。

Ceph （➡ 4-15）
名稱取自章魚等頭足綱的 Cephalopod，以 RADOS Gateway（RADOSGW）、RADOS Block Device（RBD）、Ceph File System（Ceph FS）三種方式存取儲存器。

Cloud Foundry （➡ 4-18）
PaaS 相關的開源基礎軟體。

CRUSH 演算法 （➡ 4-15）
象徵 Ceph 的演算法，根據儲存裝置的配置資訊計算資料的存放場所，存取符合的實體磁碟。

DAS （➡ 1-9）
Direct Attached Storage 的簡稱，與伺服器直接連線的儲存器。

DBaaS （➡ 2-4）
專門提供資料庫的雲端服務。

DevOps （➡ 4-9）
結合開發（Development）與維運（Operation）的複合字，指涉了縮短軟體開發時程的同時實現高品質的成品，致力於協調開發與維運的意思。

DMZ （➡ 6-6）
DeMilitarized Zone 的簡稱，為了防止內部網路遭到入侵，在防火牆與內部網路之間設置的非軍事區。

Docker （➡ 4-6）
製作容器的軟體，透過「容器單位」將根據容器基礎作成的虛擬機器（容器），移轉至擁有其他容器環境的伺服器（輕量虛擬化基礎環境，安裝 Docker 的主機作業系統）。

GPU （➡ 5-5）
Graphics Processing Unit 的簡稱，除了 3D 圖形等的圖像處理運算外，也適合用於並列處理。

Hadoop （➡ 3-13）
開源的中介軟體，透過高速處理海量的資料，支援大數據分析的技術之一。

Hyper Converged Infrastructure （➡ 4-16）
在伺服器上整合電腦功能與伺服器功能，提供更為簡易的虛擬化基礎技術。

IaaS （➡ 2-5）
Infrastructure as a Service 的簡稱，雲端業者提供伺服器、網路設備、作業系統，用戶需要自行安裝中介軟體、開發環境、應用程式。

IDS （➡ 6-7）
Intrusion Detection System（入侵檢測系統）的簡稱，將預定之外的通訊事件檢測為異常。在資安對策上，能夠釐清可能遭受的攻擊型態。

Immutable Infrastructure （➡ 4-8）
不可變的 IT 基礎架構，是相對於過往可變系統的思維。

Infrastructure as Code （➡ 4-8）
將系統基礎架構的建構、配置管理等轉為原始碼，透過程式碼的執行推進自動化的思維、手法。

IPS （➡ 6-7）
Intrusion Prevention System（入侵預防系統）的簡稱，自動阻擋檢測為異常的通訊，當被判斷為非法存取、攻擊後就無法再次存取。

IT 服務維運 （➡ 5-6）
為了實現系統的穩定運行，考量系統的重要性所提供的服務。

IT 服務控制 （➡ 5-6）
根據用戶企業組織的標準或者個別同意的運行步驟，透過 IT 設備保養、備份、修復操作等基礎架構管理，與資安對策等的系統管理提供營運作業。

IT 政策 （➡ 7-3）
有系統地整合企業組織的資訊技術、系統活用的規程。

Kubernetes （➡ 4-7）
將相異伺服器的容器執行環境，視為單一伺服器般管理的開源軟體，也可簡寫成 k8s。

KVM （➡ 4-3）
Kernel-based Virtual Machine 的簡稱，Linux 內建的虛擬化功能。

Machine Learning（機器學習） （➡ 3-13）
電腦反覆解析樣本資料，將數據的整理規則、判斷基準等累積到資料庫中。對於需要進一步處理的資料，會根據累積的數據來處理。

NAS （➡ 1-9）
Network Attached Storage 的簡稱，能夠連線 LAN 網路，共享相同網路的複數伺服器。

OpenStack （→ 4-17）
雲端的基礎開源軟體，面向 SaaS 的基礎軟體。

OSS （→ 2-12）
Open Source Software 的簡稱，過去多以 Linux 作為典型範例來說明，但現在是指以促進軟體開發、共享成果為目的，可透過公開原始碼再次利用、發布的軟體總稱。

PaaS （→ 2-5）
Platform as a Service 的簡稱，包含 IaaS 在內，雲端業者提供中介軟體與應用程式的開發環境。

SaaS （→ 2-5）
Software as a Service 的簡稱，用戶利用應用程式與其功能的服務，進行應用程式的設定、變更等。

SAN （→ 1-9）
Storage Area Network 的簡稱，以複數伺服器共享 SAN 磁碟。

SDN （→ 4-12）
Software-Defined Networking 的簡稱，以軟體實踐網路虛擬化的技術。

SLA （→ 2-11）
Service Level Agreement 的簡稱，狹義是指規定服務水準的契約書，廣義是指系統性表示服務水準的協議。

Society 5.0 （→ 2-1）
高度融合虛擬空間與現實世界的系統，為了解決經濟發展、社會課題，提倡以 AI、IoT 等技術將第 4 期的資訊社會，進一步發展成第 5 期的未來社會。

VDI （→ 3-8）
Virtual Desktop Infrastructure 的簡稱，又稱為虛擬桌面。在伺服器中生成虛擬的客戶端機器，各客戶呼叫自己的虛擬機來使用，方便從行動裝置進行連線。

VLAN （→ 4-11）
Virtual LAN（虛擬 LAN）的簡稱，是有別於實體連線，作成虛擬 LAN 網路的技術。

VMWare （→ 4-3）
從事開發、販售虛擬化軟體的美國大型軟體企業。

VPC （→ 3-14）
Virtual Private Cloud 的簡稱，在公有雲上實踐私有雲的服務。

VPN （→ 5-2）
Virtual Private Network 的簡稱，是利用雲端時最為常用的網路連線。在網路上虛擬作成的專用網路，於傳送資料的用戶與接收資料的雲端業者之間，建立虛擬通道進行安全的通訊。

XaaS （→ 2-4）
Everything as a Service 的簡稱，指透過網路提供各種 ICT 資源。

Zabbix （→ 5-7）
在資料中心等用來運行監視的開源軟體之一。

可用區域 （→ 2-10）
包含電源設施在內，將伺服器、網路設備分別實體配套於複數區域。

暖備援 （→ 8-3）
除了正式系統之外，也設置備援系統提升信賴性的方法。讓備援系統維持最低限度的功能，預備正式系統發生故障時切換。

編配 （→ 4-7）
管理相異伺服器間的容器關聯性、運行。

物件儲存器 （→ 4-14）
不以檔案或區塊單位，而是以物件單位處理資料的儲存器。在名為儲存池的容器裡作成物件，透過特定 ID 與 Metadata 進行管理。

就地部署 （→ 1-3）
在自家公司內地設置、維運 IT 設備與其他 IT 資產，是過往常見的資料系統持有、運行型態。

虛擬伺服器 （→ 1-7）
單一伺服器中虛擬地、邏輯地持有複數伺服器的功能。

雲端 （→ 1-1）
雲端運算的簡稱，透過網路利用資訊系統與伺服器、網路等 IT 資產的型態。

雲端整合人員 （→ 3-9）
熟習雲端業者的服務、雲端相關的技術，在導入雲端時能夠專業對應的企業、人才。

雲端原生 （→ 2-2）
以雲端利用為前提，在雲端環境設計、開發的系統或者應用程式。

客機作業系統 （→ 4-5）
在虛擬環境運行的作業系統。

冷備援 （→ 8-2）
除了正式系統外，也設置備援系統提升信賴性的方法。熱備援能夠立即切換系統，但冷備援的備援系統並未啟動。

主機共置 （→ 1-4）
資料中心提供的服務型態之一，由用戶持有伺服器等 IT 設備、執行系統的運行監視等。

容器 （→ 2-2）
在虛擬環境中實踐輕量化的基礎技術。

控制器 （→ 1-11）
在雲端服務中，統一管理大量的虛擬伺服器、執行用戶認證等的伺服器。

認證 （→ 3-10）
關於特定的設備、軟體產品或者雲端服務，證明具備專業知識的資格，或者持有證書的工程師。

伺服器機架 （→ 1-10）
資料中心裡搭載伺服器的設備。機架的門扉後，設置了伺服器、交換器、儲存器。

資產管理伺服器 （→ 3-7）
管理財產編號、電腦名稱、用戶 ID、IP 位址、MAC 位址、安裝的軟體與版本等資訊的伺服器。

自動容錯移轉 （→ 8-2）
自動重新啟動切換至備援系統的功能。

計量收費 （→ 1-2）
按照系統的使用時間、用量來收費。

計量制／On-Demand （→ 3-11）
按照伺服器的用量、使用時間來收費。依雲端業者的服務，採取每秒計費、每分計費等方式。

資訊通信白皮書 （→ 3-3）
日本總務省每年發行的的綜合資料，記載 ICT 服務的利用動向、相關數據。

資安政策 （→ 6-2）
統整組織中的資安對策、方針與行動指南等。

多層防禦 （→ 6-4）
將功能分成多階層配置，防範資安防護上的威脅。

災難復原 （→ 8-4）
即便發生地震、巨浪等嚴重災害，也能迅速恢復系統或者免於發生被害事態的預防措施。

資料中心 （→ 4-1）
可設置運行大量的伺服器、網路設備的設施或者建築物總稱。

日本版 FedRAMP （→ 2-1）
美 國 FedRAMP（Federal Risk and Authorization Management Program）的政府雲端調度基準，是根據政府機密資訊與其他重要資訊的管理指南所制定的計劃，日本版 FedRAMP 是參考該計劃的日本版計劃。

Hypervisor 型態 （→ 4-5）
作為實體伺服器上的虛擬化軟體，尚需搭載 Linux、Windows 等的客機作業系統來運行。由於客機作業系統與應用程式所構成的虛擬伺服器，運行上不受主機作業系統的影響，所以能夠有效率地運行許多虛擬伺服器。

混合雲 （→ 2-3）
根據需求結合雲端與非雲端系統。

主機代管 （→ 1-4）
資料中心提供的服務型態之一，由用戶持有伺服器等 IT 設備，由業者執行系統的運行監視等。

公有雲 （→ 1-5）
面向不特定多數用戶的服務，具有成本優勢、及早使用最新技術等特徵，用戶自身簽約的伺服器，可指派到整個系統配置中最佳位置的 CPU、記憶體、磁碟，但看不見簽約的伺服器位置。

標的型攻擊 （→ 6-3）
惡意第三人以特定組織、個人等為標的，企圖獲取機密資訊、造成商務上損失等的攻擊。

防火牆 （→ 6-5）
在內部網路與網際網路的交界處，管理通訊狀態、守護資訊安全的機制總稱。

Fabric Network （→ 4-13）
藉由加入專用的交換器，整合複數的交換器當作一個大型交換器來處理，又稱為乙太網路結構。

實體配置圖 （→ 8-7）
系統配置的示意圖之一，表示實體 IT 設備、設備配置的狀態。

私有雲 （→ 1-5）
公司自行建立雲端服務，或者在資料中心等建構自家公司雲端服務的方式。

裸機 （→ 8-6）
由雲端業者端準備，支援從用戶的就地部署移轉至雲端環境的實體伺服器。

主機租借 （→ 1-4）
資料中心提供的服務型態之一，由雲端業者持有伺服器等 IT 設備、執行系統的運行監視等。

Host OS 型態 （→ 4-5）
虛擬化技術之一，從虛擬伺服器存取實體伺服器時，因經由主機作業系統而容易速度降低，但故障發生時比 Hypervisor 容易區別問題原因，用於傳統的任務導向系統。

熱備援 （→ 8-2）
除了正式系統之外，也設置備援系統提升信賴性的方法。備援系統一面跟正式系統做相同的運行一面待機，當正式系統發生故障時立即引繼處理。

微服務 （→ 2-2）
整合許多小型服務，以提供大型服務的思維。

多重雲 （→ 2-9）
同時利用複數雲端服務。

機架式 （→ 1-8）
設置於專用機架類型的伺服器，具有優異的擴張性、耐故障性，可於機架內增加數量來擴張；受到專用機架保護，也具有耐故障性。

設置地域 （→ 2-10）
實體 IT 設備所設置的場所，在日本國內分成成東日本與西日本，描述成東日本的東京等。

負載平衡器 （→ 5-4）
以複數台伺服器分散負載，提高處理性能與效率的伺服器、網路設備，是有大量存取、通訊的系統必須具備的功能。

邏輯配置圖 （→ 8-7）
系統配置的示意圖之一，主要表示各系統的連線、資訊流量。

後 記

本書的講解主題是雲端機制。

我想各位已經理解雲端是，現在與今後資訊通信技術的基礎上不可欠缺的系統，說「瞭解雲端就掌握了IT」一點也不為過。

本書統整了有關雲端機制的基本重點，但實際利用各家業者提供的服務，或者建立私有雲等的時候，還請參考其他相關的專業書籍、網站。

另外，除了雲端之外，想要了解資訊系統、IT基礎知識的讀者，建議翻閱《簡單圖解伺服器機制》（翔泳社）。這是筆者以相同的形式寫成的書籍，相信應該跟本書一樣容易閱讀。

最後，本書的執筆過程，獲得篠田雅敏先生、吉田正敏先生、早川英治先生、田原幹雄先生，以及其他從事雲端商務的多數同仁協助。另外，從本書的企劃到出版也多虧翔泳社編輯部全面的支援，在此鄭重表達感謝。

各位讀者在活用雲端的時候，期望本書能夠指引大家並帶來幫助。

2020年9月 西村 泰洋

索引

作 者 介 紹

西村泰洋（にしむら・やすひろ）

富士通股份有限公司 Field Innovation 本部健康照護 FI 的統籌部長，以數位技術為中心參與各種系統與商務，期望向更多人傳達資訊通信技術的趣味、革命性能力。在 IT 入門網站 ITzoo.jp（https://www.itzoo.jp），也有親自解説 IT 的基礎與趨勢，登載相關文章。

著作有《圖解 RPA 機器人流程自動化入門》（臉譜）、《簡單圖解伺服器機制》、《物聯網系統專案的解説書》、《無線射頻識別＋電子辨識標籤系統導入與建構標準講座》（翔泳社）、《圖解認識最新物聯網系統的導入與營運》、《數位化的教科書》、《圖解認識最新的 RPA》（秀和 System）、《成功的企業聯盟》（NTT 出版）等。

原文裝訂與文字設計／相京 厚史（next door design）

原文封面插圖／越井 隆

DTP ／佐佐木 大介

吉野 敦史（i's FACTORY 股份有限公司）

圖解雲端技術的原理與商業應用

作　　　者：西村泰洋
裝訂・文字設計：相京厚史（next door design）
封面插圖：越井隆
譯　　　者：衛宮紘
企劃編輯：莊吳行世
文字編輯：詹祐甯
設計裝幀：張寶莉
發　行　人：廖文良

發　行　所：碁峰資訊股份有限公司
地　　　址：台北市南港區三重路 66 號 7 樓之 6
電　　　話：(02)2788-2408
傳　　　真：(02)8192-4433
網　　　站：www.gotop.com.tw
書　　　號：ACN036400
版　　　次：2021 年 06 月初版
建議售價：NT$450

國家圖書館出版品預行編目資料

圖解雲端技術的原理與商業應用 / 西村泰洋原著；衛宮紘譯. --
　初版. -- 臺北市：碁峰資訊, 2021.06
　　面；　公分
　　ISBN 978-986-502-863-3 (平裝)
　1.資訊服務　2.雲端運算
312　　　　　　　　　　　　　　　　　　　110008303

讀者服務

- 感謝您購買碁峰圖書，如果您對本書的內容或表達上有不清楚的地方或其他建議，請至碁峰網站：「聯絡我們」\「圖書問題」留下您所購買之書籍及問題。(請註明購買書籍之書號及書名，以及問題頁數，以便能儘快為您處理)
http://www.gotop.com.tw

- 售後服務僅限書籍本身內容，若是軟、硬體問題，請您直接與軟體廠商聯絡。

- 若於購買書籍後發現有破損、缺頁、裝訂錯誤之問題，請直接將書寄回更換，並註明您的姓名、連絡電話及地址，將有專人與您連絡補寄商品。